L'Elevage des Animaux à Fourrures au Canada

J. Walter Jones

Commission de la Conservation
Canada

Comité des Pêcheries, du Gibie et des Animaux à Fourrures

Président :

LE DR. CECIL C. JONES

Membres :

L'HON. O. T. DANIELS
L'HON. J. K. FLEMMING
L'HON. W. H. HEARST
L'HON. W. J. HOWDEN
L'HON. J. A. MATHIESON
LE DR. HOWARD MURRAY
LE DR. J. W. ROBERTSON
L'HON. W. R. ROSS

OTTAWA, LE 23 JANVIER 1913.

Monsieur,

J'ai l'honneur de vous transmettre ci-joint un rapport sur l'élevage des animaux à fourrures au Canada.

Votre obéissant serviteur,

JAMES WHITE,

Secrétaire.

L'HON. CLIFFORD SIFTON,

Président,

Commission de la Conservation.

AU FELD-MARÉCHAL, SON ALTESSE ROYALE LE PRINCE ARTHUR WILLIAM PATRICK ALBERT, DUC DE CONNAUGHT ET DE STRATHEARN, K.G., K.T., K.P., ETC., ETC., GOUVERNEUR-GÉNÉRAL DU CANADA.

Qu'il Plaise à Votre Altesse Royale:

Le soussigné a l'honneur de présenter à Votre Altesse Royale un rapport sur l'élevage des animaux à fourrures au Canada.

Respectueusement soumis,

CLIFFORD SIFTON,
Président.

OTTAWA, LE 24 JANVIER 1913.

Table des Matières

ILLUSTRATIONS

Renard Assis sur la Boîte dans laquelle il a été Transporté par Chemin de Fer—Son Pelage au Mois de Septembre

L'Elevage des Animaux à Fourrures au Canada

I. Introduction

IEN que l'élevage des animaux à fourrures soit une industrie nouvelle au Canada, ses développements ont été rapides. On a trouvé, au cours d'une investigation effectuée pendant la seconde moitié de 1912, que l'on élève en captivité plusieurs sortes d'animaux à fourrures, parmi lesquels deux espèces de renards de toutes variétés de couleurs, des mouffettes (bêtes puantes), des visons, des ratons laveurs, des pékans, des castors et des ondatras (rats musqués). On cherche aussi à domestiquer pour leur fourrure la martre et la loutre, voire même le chat sauvage et jusqu'au chat noir domestique, en certaines parties de l'Ontario. Les provinces Maritimes ont pratiqué jusqu'à nos jours, avec beaucoup de succès, et sur une grande échelle, la domestication des animaux à fourrures. L'industrie se développe rapidement dans l'Ontario et Québec; il existe aussi quelques exemples d'élevage de ces animaux dans les différentes parties des provinces de l'Ouest.

C'est au succès obtenu par l'élevage des renards argentés et de ceux d'autres nuances, répandus dans l'Est du Canada, qu'il faut attribuer le grand intérêt que l'on porte à l'élevage des animaux à fourrures. Vendues à l'enchère sur les marchés de Londres, les peaux de renards noirs et celles des renards noir argenté de l'île du Prince-Edouard, ont rapporté rarement moins de cinq cents dollars chacune; quelques-unes ont même été payées plus de deux mille dollars. Les premiers éleveurs de renards se sont enrichis en cette industrie; témoins de leurs succès, leurs voisins ont suivi leur exemple. Vu la demande croissante, le prix des animaux reproducteurs a fait monter de plusieurs fois la valeur de la fourrure, au point que la plupart des éleveurs ne peuvent pas se procurer même une paire de renards argentés.

Des corporations et des associations, disposant de plusieurs millions de dollars, ont été constituées pour élever le renard argenté. Un grand nombre des habitants de l'île du Prince-Edouard, et plusieurs personnes du Nouveau-Brunswick et de la Nouvelle-Ecosse, ont engagé de l'argent et même hypothéqué leurs propriétés, pour acheter des parts en cette industrie. D'autres ont entrepris l'élevage d'animaux à fourrures qui réclament moins de capitaux. C'est ainsi qu'en 1912 plus de mille renards, rouges ou bleus, ont été importés dans les provinces Maritimes. On fait aussi des essais d'élevage de visons, de mouffettes et de ratons laveurs. La confiance que l'on a placée dans l'élevage des animaux à fourrures, surtout à l'île du Prince-Edouard, a rendu les prix plus élevés en cette île qu'en aucune autre partie du monde. On cherche à capturer les animaux à fourrures au Canada et aux Etats-Unis, pour les expédier à l'île du Prince-Edouard et les y élever. Des compagnies d'éleveurs de renards, constituées en d'autres pays, ont fait l'acquisition de terrains en cette île, où les habitants ont appris à surmonter les difficultés que présente cet élevage. On peut donc dire que l'on trouve, en cette île-province, au moins 85 pour cent des renards élevés en captivité.

On explique la rapidité du progrès accompli, en peu de temps, dans l'élevage des animaux à fourrures, par les hauts prix que l'on a payés pour les fourrures, au cours des dernières années: ceci est particulièrement vrai en ce qui regarde l'industrie du renard noir. Considérée au point de vue de sa fourrure, une peau de renard noir de première qualité se vend de $500 à $2,500. La demande de reproducteurs a été si forte que l'on a vendu jusqu'à $25,000 une paire de la meilleure qualité. D'un autre côté, des promoteurs se mettent de la partie, et des compagnies se fondent, dont les capitalisations sont basées sur les hauts prix et l'attente de profits pleins de promesse. Bien que l'élevage des animaux à fourrures constitue la base d'une solide industrie, le public ne devrait cependant pas perdre de vue que la spéculation s'empare de cette industrie. En conséquence, les particuliers qui achètent des parts de ces compagnies chargées de capitaux s'exposent à de grandes déceptions.

Puisque l'industrie de l'élevage des animaux à fourrures est si intimement liée, à présent, aux hauts prix payés pour les fourrures, il importe de rechercher les causes de ceux-ci et d'essayer de prévoir jusqu'à quel point ils pourront se maintenir.

De la Demande et de l'Approvisionnement

Rareté des Fourrures

On peut dire, d'une façon générale, que la fourrure se fait rare, parce qu'il s'en produit moins et que l'usage en est plus répandu que jamais. L'augmentation notable de la demande des fourrures de prix, au cours des vingt dernières années, est due à une combinaison de causes: la population s'accroît, le nombre des personnes des classes riches augmente; on voyage beaucoup, et les villes se peuplent de plus en plus. Les commerçants, par l'entremise de leurs agents, ont introduit les fourrures dans toutes les parties du monde, et partout l'on s'engoue et l'on fait usage de fourrures. C'est à Dame la Mode, qui multiplie sans cesse le nombre de ses amants, qu'il faut attribuer la demande extraordinaire de certaines sortes, surtout des plus rares, qu'elle affectionne entre toutes. D'un autre côté, l'accroissement de la population de nos villes fournit aux classes favorisées de la fortune l'occasion de convoquer des réunions dans lesquelles les invités cherchent à se surpasser les uns les autres par leurs parures.

L'usage d'automobiles et la vie au grand air qui se généralisent, rendent la fourrure presque indispensable. En Amérique seule on porte la valeur des automobiles à plus de 1,500 millions de dollars. Le luxe de ces voitures et le confort de ceux qui en jouissent, exigent du cuir et des fourrures dont le prix s'élève à plusieurs millions de dollars. De meilleures routes, des voyages à grande distance et des automobiles de prix abordables, sont des facteurs qui ont puissamment contribué à multiplier les demandes de fourrures et de cuir.

Instruments de Destruction

Quelques espèces d'animaux seront bientôt exterminées, si la chasse à outrance qui leur est faite, se continue. Lorsque l'on se servait pour chasser d'assommoirs, de pièges, d'arcs et de flèches, le gibier pouvait souvent s'échapper; mais aujourd'hui l'usage des fusils modernes, de la poudre sans fumée, des pièges perfectionnés, des appâts et des arômes, que les chimistes de nos jours peuvent composer ou les trappeurs inventer, rend la fuite pratiquement impossible. Au perfectionnement des engins de destruction viennent s'ajouter l'expansion des chemins de fer, des lignes de navigation, la publication des magazines à l'usage des chasseurs et des trappeurs, la connaissance des habitats du gibier et l'art du chasseur.

Amélioration des Moyens de Voyager

Les chemins de fer et les lignes de navigation pénêtrent dans de nouveaux territoires; des corps de guides se forment; les aliments mis en conserve, de plus grandes facilités de campement rendent la vie de chasseur plus attrayante; c'est pourquoi, l'on peut poursuivre les animaux à fourrures jusque dans leurs retraites les plus reculées, qui diminuent d'année en année. Ainsi, le bœuf musqué, par exemple, n'a fait son apparition sur les marchés de Londres que depuis quarante ans, car, avant cette date, les chasseurs des régions arctiques n'avaient pu atteindre ses repaires. Si l'on continue à envahir sa retraite, il finira par disparaître.

Saison Fermée

La saison fermée est la méthode habituellement employée pour empêcher l'extinction d'une espèce. On a établi dernièrement une saison fermée d'une durée de trois années, pour permettre à la zibeline de Russie de se propager dans la Sibérie. On protège de la sorte le chinchilla en Bolivie, et l'on agit souvent ainsi à l'égard du castor canadien. On a prescrit une saison fermée de cinq années pour le phoque de l'Alaska. Mais la diminution constante du nombre des animaux à fourrures nous montre que les méthodes protectrices sont peu efficaces.

Destruction des Habitats

L'expansion toujours croissante de la colonisation a forcé quelques espèces d'animaux à fourrures à se retirer plus avant dans les forêts. Le défrichement des terres boisées et la prise de possession des pâturages, par les animaux domestiques, les ont chassées de leurs retraites et les ont exposées à leurs ennemis. Le drainage des marais a détruit l'habitat de l'ondatra, du vison, de la loutre et du castor. Le pékan et la martre ne demeurent jamais dans le voisinage de l'habitation de l'homme. Le renard lui-même, qui semble se multiplier près des lieux habités par l'homme, s'éloignera si les forêts sont entièrement abattues ou brûlées.

AUGMENTATION DU PRIX DES PELLETERIES

(*Etat Basé sur les Ventes à Londres de la C. M. Lampson & Co., par Alfred Fraser, New York.*)

Sorte de Peaux	Pourcentage d'Augmentation des Prix		
	1892-1901 sur 1882-1891	1902-1911 sur 1892-1901	1892-1911 sur 1882-1891
Renard, argenté	155	55	300
" croisé	10	100	125
" rouge	85	85	245
" bleu	20*	145	100
" blanc	120	100	350
Marte, des pins	470	15	580
Pékan	0	430	430
Vison	60	150	300
Mouffette	20	110	150
Ondatra	0	230	230
Lynx	25	130	200
Loutre, terrestre	30*	170	80
" marine	110	65	240

* Diminution.

DIMINUTION DU PRIX DES PELLETERIES

(*Etat Basé sur les Ventes à Londres de la C. M. Lampson & Co., par Alfred Fraser, New York.*)

Sorte de Peaux	Pourcentage de la Diminution du Nombre		
	1892-1901 sur 1882-1891	1902-1911 sur 1892-1901	1892-1911 sur 1882-1891
Renard, argenté	10	45	50
" croisé	5	65	70
" rouge	53	2	55
" bleu	34†	40	23
" blanc	750†	25	510†
Marte, des pins	65†	55	20
Pékan	5†	95	95
Vison	75†	55	20
Mouffette	30†	55†	110†
Ondatra	250†	10	215†
Lynx	3800†	80	700†
Loutre, terrestre	45†	30	5†
" marine	65	50	85

† Augmentation.

Notes sur le Tableau.—1. L'augmentation du prix des peaux a été générale pendant les vingt dernières années.

2. Toutes les peaux, excepté celles des mouffettes, ont diminué en nombre, pendant les dix dernières années.

3. Les animaux dont les peaux n'avaient qu'une faible valeur, il y a vingt ans, sont maintenant chassés à outrance, et leur nombre diminue; tels sont: le pékan, le lynx, la martre, le vison, le renard croisé et même l'ondatra.

4. L'augmentation du nombre de peaux, il y a quinze ans, avait pour cause une chasse plus active amenée par une élévation du prix.

Le *Fur News Magazine*, de novembre 1912, donne une bonne appréciation de l'influence exercée par ces causes sur la diminution du nombre des peaux offertes en vente:

" Nous donnons dans une autre partie de ce numéro une liste des peaux d'animaux à fourrures vendues à Londres, le principal marché du monde, au cours des années 1911 et 1912, résultat d'une demande extraordinaire et de prix sans précédents, qui sont la cause d'une destruction sans mesure, et au-delà de toute sagesse commerciale.

"La statistique est d'un haut intérêt et fait prévoir des conséquences décidément sérieuses, car du commencement à la fin de la colonne, sauf quelques cas de peu d'importance, elle accuse une baisse notable. En général, la diminution est très accentuée et fournit matière à réflexion, étant donné surtout que tous les efforts possibles ont été tentés, par tout le pays, pour obtenir un résultat contraire, et auquel il fallait s'attendre, si les animaux à fourrures avaient existé aussi nombreux qu'à l'ordinaire dans leurs habitats usuels ou dans leurs nouvelles retraites. Parmi les rares exceptions qui marquent une augmentation au lieu d'une diminution, on compte le renard croisé et le pékan, qui tous deux commandent un prix tel, qu'il est plus profitable d'en capturer un par semaine que de passer le temps à prendre d'autres deux fois par jour; toutefois l'augmentation totale des deux ne porte leur nombre qu'à trois mille deux cents, pendant l'année, dans tout le pays. La fourrure du loup est la seule autre dont le chiffre soit plus élevé que celui de 1911; il faut attribuer cette différence à l'intention générale d'exterminer cet animal, et non au fait que le nombre soit supérieur à celui de l'année précédente. Plusieurs des peaux, qui n'ont pas été vendues en 1911, ont été remises sur le marché cette année.

"Une étude des chiffres montre aussi une diminution générale de la fourrure en Russie, en Allemagne, au Japon et en Australie. Toute peau d'animal à fourrure, quelle que soit sa provenance, aura une valeur cette année, et l'on ne devrait pas en sacrifier une seule."

Répondre à la Demande

Fourrures d'Animaux Domestiques

Placé en face d'un approvisionnement qui diminue et d'une demande qui grandit, le commerce des fourrures s'est efforcé de combler le déficit, en encourageant l'emploi de la fourrure d'animaux domestiques, en fournissant à une partie des consommateurs des fourrures utiles bien que moins coûteuses, et en préparant des imitations des variétés les plus dispendieuses. Il y a trente ans environ, les fourrures de Russie étaient en vogue; à cette époque le mouton de Perse, les *broadtails* (agneaux mort-nés) et l'astracan étaient de mode partout. Ce fait est d'une grande importance, car la demande de ces fourrures s'est accrue énormément, au cours des dernières années, et l'approvisionnement en est plus grand que jamais, parce que ces fourrures sont produites par des animaux élevés intelligemment par les cultivateurs. Si, il y a vingt ans ou plus, on avait domestiqué la martre, le vison, le renard et la loutre, il est probable que la production de leur fourrure aurait déjà contrebalancé les monopoles de la production et de la préparation de l'astracan et des moutons de Perse que détiennent la Russie et l'Allemagne.

Rendre Populaires les Fourrures moins Dispendieuses

Lorsque la zibeline, l'hermine, le chinchilla et le renard argenté, toujours de mode, ne pouvaient plus suffire à la demande, les moutons de Perse, les *broadtails* et le phoque se vendaient plus cher. Graduellement aussi, le vison, dont la peau se vendait jadis cinquante cents, et qui ne servait que de doublure, a pris place parmi les fourrures de choix, précédé de près par la martre et suivi, dernièrement, du pékan et du renard croisé. Pour remplacer le vison, employé comme doublure, on a choisi l'ondatra, auquel on a ajouté la marmotte et le hamster d'Europe; et pour répondre à la demande d'une belle fourrure noire, d'un prix moyen, on a choisi la mouffette. Le chat noir domestique, connu dans le commerce sous le nom de 'genette', a été utilisé comme fourrure noire, et les lièvres des pays du Nord, sont préparés et passent dans le commerce sous les noms de 'renards de la Baltique' ou 'renards blancs' ou 'lynx noirs'.

Surnom des Fourrures

Lorsque, par la tonte et la teinture, les fourreurs et les teinturiers ont réussi à rendre la peau de la mouffette presque semblable à celle du phoque, on décida de ne pas la vendre sous son vrai nom, parce que c'était une fourrure commune, aux personnes des classes peu fortunées; cette fourrure populaire et d'un haut prix est maintenant vendue sous le nom de 'phoque de la Baie d'Hudson'. Le poil de lapin, animal sans prix et très répandu en France, est employé à la fabrication de la 'peau de phoque électrique', 'phoque tondu', 'phoque de la Baltique'. Quand la fourrure du raton laveur entra dans le commerce, elle se vendait à vil prix et n'était guère recherchée; mais, sous le nom d'' ours d'Alaska' et d'' ours argenté', elle attira immédiatement des acheteurs. La fourrure de la mouffette d'un brun luisant, quoique belle et durable, ne pouvait pas se vendre sous ce nom, mais surnommée 'martre noire' et 'zibeline d'Alaska', elle est maintenant en vogue, et restera probablement au nombre des fourrures de prix moyens et élevés. Chose étrange, depuis que l'on a réussi à triompher des préjugés de l'acheteur à l'égard de l'ondatra, de la mouffette et d'autres fourrures à bas prix, on peut les vendre sous leurs vrais noms. On vend maintenant les dos de rats musqués sous le nom de la fourrure de 'rat' à un prix aussi élevé que les produits teints.

Imitations et Fausses Dénominations

La pression d'une demande croissante a fait mettre sur le marché des fourrures d'animaux à poils raides et cassants de toutes couleurs, que l'on vend sous des noms qui fourvoient le public. C'est ainsi que les fourreurs et les teinturiers ont réussi à donner une apparence très alléchante aux peaux d'animaux des zones plus chaudes; par exemple, à celles de la chèvre de Chine, de l'agneau du Thibet, du chien de Mandchourie, du hamster, de la marmotte, du poney de Tartarie, de l'opossum, du raton laveur, de la belette, du renard-chacal, du singe, de l'antilope, de la loutre et de beaucoup d'autres. Toutefois, la souplesse du cuir, l'abondance du duvet, le touffu des jarres et le soyeux de l'ensemble, en rendent la qualité inférieure à celles des climats froids; la teinture même les rend moins durables et nuit à leur popularité.

Fausses Dénominations et Déceptions

La fausse dénomination des fourrures a obligé la Chambre de Commerce de Londres de donner avis à l'effet que cette manière d'agir ne sera plus permise, et que les délinquants seront passibles de poursuites en vertu de la loi intitulée *Mercandise Marks Act,* 1887. Dès l'origine de cette fausse dénomination, les fourrures préparées étaient fréquemment appelées à tort de la manière suivante:

Ondatra, ébarbé et teint	Phoque
Coïpou, ébarbé et teint	Phoque
Coïpou, ébarbé et naturel	Castor
Lapin, tondu et teint	Phoque
Marmotte, teinte	Vison ou zibeline
Putois, teint	Zibeline
Lapin, teint	Zibeline ou zibeline française
Lièvre, teint	Zibeline, renard ou lynx
Ondatra, teint	Vison ou zibeline
Wallaby, teint	Mouffette
Lapin blanc	Hermine
Lapin blanc, teint	Chinchilla
Lièvre blanc, teint ou naturel	Renard
Chèvre, teinte	Ours ou léopard

Mais, si les lois étaient nécessaires, il y a vingt ans, pour protéger le public contre la fraude, que faut-il dire de sa nécessité de nos jours, lorsque deux lièvres, issus d'une même mère peuvent figurer sur le même comptoir, l'un sous le nom de 'renard blanc', l'autre 'lynx noir'?

La liste qui suit énumère quelques-unes des fausses dénominations:

Variété	Vendue sous le nom de—
Zibeline américaine	Vraie zibeline de Russie
Putois, teint	Zibeline
Chèvre teinte	Ours
Lièvre, teint	Zibeline ou renard
Chevreau	Agneau ou *broadtail*
Marmotte, teinte	Vison, zibeline ou mouffette
Vison, teint	Zibeline
Ondatra, teint	Vison ou zibeline
Ondatra, ébarbé et teint	Phoque, phoque électrique Phoque de la rivière Rouge ou Phoque de la Baie d'Hudson
Coïpou, ébarbé et teint	Phoque, phoque électrique, Phoque de la rivière Rouge ou Phoque de la Baie d'Hudson
Coïpou, ébarbé, naturel	Castor ou loutre
Opossum, tondu et teint	Castor
Loutre, ébarbé et teinte	Phoque
Lapin, teint	Zibeline ou zibeline française
Lapin, tondu et teint	Zibeline, phoque électrique, Phoque de la rivière Rouge, Phoque de l'Hudson et Phoque ondatra
Lapin, blanc	Hermine
Lapin, blanc, teint	Chinchilla
Wallaby, teint	Mouffette
Lièvre blanc	Renard et autres noms semblables
Fourrures teintes de toutes sortes	Naturelles
Poil blanc inséré dans les renards et les zibelines	Fourrures véritables ou naturelles

La liste suivante a été publiée par la Chambre de Commerce de Londres comme description permise:

Nom des Fourrures	Description Permise
Zibeline américaine	Zibeline canadienne ou vraie zibeline
Putois, teint	Putois zibeline
Chèvre, teint	Chèvre ours
Lièvre, teint	Lièvre zibeline ou lièvre renard
Chevreaux	Chevreaux karakules
Marmotte, teinte	Marmotte zibeline, marmotte vison ou marmotte mouffette
Vison, teint	Vison zibeline
Ondatra, ébarbé et teint	Ondatra phoque
Coïpou, ébarbé et teint	Coïpou phoque
Coïpou, ébarbé, naturel	Coïpou castor ou coïpou loutre
Opossum, tondu et teint	Opossum castor
Loutre, ébarbé et teint	Loutre phoque
Lapin, teint	Lapin zibeline
Lapin, tondu et teint	Lapin phoque ou lapin ondatra
Lapin, blanc	Fausse hermine
Lapin, blanc, teint	Lapin chinchilla
Wallaby, tondu et teint	Wallaby mouffette
Lièvre blanc	Imitation de renard ou faux renard
Poil blanc piqué dans des peaux de renards ou de zibelines	Renards ou zibelines pointés

Fraudes dans la Vente des Fourrures

Toutefois, les fourreurs dignes de confiance ne se servent pas des dénominations trompeuses mentionnées plus haut. Plusieurs fourreurs moins importants ignorent sans doute les véritables noms de leurs fourrures, mais les annonceurs à bas prix sont fréquemment les auteurs des faux noms. Beaucoup de ceux qui annoncent des ventes privées trompent le public. Quand une dame, qui se dispose à s'en aller dans le 'Midi', offre de céder pour $25 un assortiment de lynx de Russie, qu'elle vient de payer

$150, on peut conclure que c'est du lapin décoré de ce nom. Cela ne veut pas dire cependant qu'il faille discréditer complètement l'entreprise des fourreurs, sans quoi, vu la rareté des fourrures de bonne qualité, plusieurs dames se verraient dans l'obligation de se contenter de palatines et de gants de laine, pendant six mois de l'année. Elles s'enorgueilliraient moins de leurs prétendus 'hermines', 'renards' et 'chinchillas' et de leurs 'pékans' et 'martres noires', qu'elles se vantent d'avoir achetés à bon compte, si elles savaient que ce ne sont que des lapins, des opossums et des wallabys.

L'Industrie du Chasseur et du Trappeur Appelée à Disparaître

Tous les stratagèmes des fourreurs et des marchands de pelleteries n'ont cependant pas pu empêcher la baisse de l'approvisionnement de la fourrure de bonne qualité. Ce qu'il y a de certain, c'est que la chasse et la capture des fauves devront céder le pas à la domestication de ces animaux, si l'on veut faire face à la demande de fourrures.

L'âge d'or du chasseur-trappeur est passé. Des méthodes plus économiques devront être suivies, et l'approvisionnement augmenté, si l'on veut répondre à la demande que l'on ne peut satisfaire actuellement. La mise en pièces d'animaux, pris au piège, par des mammifères carnivores, avant que le trappeur ne puisse intervenir, se répète fréquemment et représente une grande perte. La destruction d'animaux quand la peau n'est pas de 'saison' est une autre perte annuelle considérable. On préviendra ces gaspillages et d'autres, quand on aura domestiqué les animaux à fourrures.

Animaux Domestiques à Fourrures

On a fait le premier pas vers l'élevage d'animaux pour leurs fourrures quand, il y a dix ans, on a commencé à élever pour cette fin le mouton de Karakule—animal domestique auquel nous devons le mouton de Perse et le *broadtail*. Jusqu'à ces dernières années cet animal était le seul qui fût élevé en captivité. C'est un animal purement domestique, mais vu les difficultés que présentent le transport, le langage de ses éleveurs, la connaissance des bons spécimens, les lois de quarantaine et l'éloignement de son pays natal, on ne pourrait guère songer à faire l'acquisition d'un certain nombre, en vue de l'élevage. On rapporte, néanmoins, que l'on a obtenu dernièrement des 'croisements' surprenants de ces animaux, en Allemagne et aux Etats-Unis. Si l'on peut réussir à élever le mouton de Perse en Amérique, des millions de dollars seront épargnés chaque année, car cette belle et durable fourrure se popularise rapidement. Ce qui montre que la Russie en fait un important commerce, c'est la convocation d'une convention d'éleveurs à Moscou (en octobre 1912), à la demande spéciale du Czar. Le croisement du karakule avec les brebis à la laine brillante, telles que les Lincolns et les Cotswolds, promet d'être une source d'approvisionnement de fourrure pour l'avenir. Les expériences faites dernièrement ont produit de magnifiques pelages soyeux et frisés.

Domestication des Animaux à Fourrures

Nonobstant les progrès accomplis dans l'élevage des karakules, il faut reconnaître que la domestication d'animaux à fourrures a été impuissante, jusqu'à présent, à répondre à la demande de peaux très estimées pour leur fourrure. La demande qui augmente sans cesse et la diminution constante de la pelleterie créeront un désastre dans ce commerce, à moins que l'on ne puisse domestiquer d'autres animaux à fourrures. Vu les hauts prix offerts pour la pelleterie, il est temps de faire tous les efforts possibles pour domestiquer tous les animaux sauvage, dont la fourrure est d'une grande valeur.

Il y a là un vaste champ d'action. Lantz estime qu'il existe à présent environ cinq mille espèces de mammifères sur la surface du globe. De ce nombre, vingt-trois seulement vivent à l'état domestique; quelques-unes servent l'homme comme bêtes de somme; d'autres lui fournissent de la laine et de la chair; d'autres lui tiennent compagnie.

Les animaux à sabots (*ungulata*) comprennent:

L'éléphant d'Asie, le cheval, l'âne, le porc, le chameau, le dromadaire, le renne, la chèvre, le mouton, le yak, le buffle (deux espèces), le bœuf (deux espèces) et le lama (probablement quatre espèces).

Les mangeurs de chair (*carnivores*) comprennent:

Le chat, le chien, le furet, le léopard ou léopard chasseur de l'Inde.

Les animaux rongeurs (*rongeurs*) comprennent:

Le lapin et le cochon d'Inde.

Le renard des régions arctiques (*vulpes lagopus*) et le renard commun (*vulpes vulgaris*), peuvent être classés au nombre des animaux domestiques, car depuis vingt années ils ont été élevés par l'homme, et les prix des fourrures augmentant, l'industrie deviendra probablement permanente.

TROIS ORDRES DE MAMMIFERES SAUVAGES AU CANADA ET LEURS USAGES ECONOMIQUES

Ordre	Famille	Espèce	Parties d'Usage Economique
Gros Animaux à Sabots	Cerf	Elan	Chair, peau, bois
		Chevreuil	" " "
		Orignal	" " "
		Caribou	" " "
	Bêtes à cornes	Bison ou Buffle	" " "
Rongeurs (*absence de canines; 4 incisives seulement, sauf les lapins*)	Ecureuil	Ecureuils	Peau, chair
		Tamias	Peau
		Marmotte	"
	Castor	Castor canadien	Peau, chair, poil
	Souris	Souris	
		Champagnols	
		Lemming	
		Ondatra	Peau, chair
	Lièvre	Lièvre	Chair, peau, poil
Carnivores (*12 incisives; 4 grandes canines, molaires antérieures tranchantes*)	Chat	Lynx	Peau
	"	Chat (*domestique*)	"
	"	Chat sauvage	"
	Chien	Renard	"
	"	Loup	"
	"	Coyote	"
	Belette (*mustelidæ*)	Loutre	"
	"	Belette	"
	"	Vison	"
	"	Marte	"
	"	Pékan	"
	"	Glouton	"
	"	Mouffette	Peau, huile et amers
	"	Blaireau	Peau, poil
	Raton laveur	Raton laveur	Peau, chair
	Ours	Ours	Chair, peau
	Phoque	Phoque à fourrures	Peau, huile et chair
		Phoque à poil	Peau, huile

Les Animaux à Fourrures Précieuses

Il importe d'élever les espèces qui produisent les fourrures les plus estimées, plutôt que ceux qui ne se vendent pas à un prix élevé. La loutre marine, le renard argenté, la zibeline de Russie et le Chinchilla sont les précieux animaux à fourrures de nos jours. Tous ces animaux, sauf le renard argenté, sont maintenant protégés contre la destruction par l'établissement d'une saison fermée qui leur permettra de se multiplier, et pas un seul, à l'exception du renard argenté, n'est élevé en captivité.

La loutre marine, vu ses habitudes aquatiques, sa grande rareté et son éloignement des lieux habités, n'a jamais été domestiquée. Le chinchilla, qui ressemble à un rat, et qui se trouve en Bolivie, est aussi à la veille de disparaître, et l'on ne se donne pas la peine de l'élever en lieux fermés. On a fait, mais sans succès, quelques essais pour élever la zibeline de Russie. M. Vladimir Generosoff, agent américain du ministère de l'Agriculture de Russie, dit que les paysans trappeurs sont trop pauvres pour construire des enclos et y élever la zibeline. Il espère obtenir la coopération de son gouvernement, afin de soumettre ces précieux animaux aux expériences de domestication.

On trouve les meilleures zibelines dans les forêts de Vitim et d'Olekma, province de Yakutsk, une des parties les plus reculées de la Sibérie. Il est évident que la Russie est le seul pays qui puisse se procurer un nombre suffisant d'excellents spécimens de ces animaux à l'état sauvage, pour faire des expériences pratiques. D'un autre côté, en attendant que la zibeline de Russie puisse être importée au Canada, pour y être élevée, on devrait essayer de domestiquer la zibeline canadienne, qui se rapproche beaucoup de celle de Russie, et qui a presque les mêmes habitudes.

Grâce à son omniprésence et à sa tendance de vivre près des habitations, le renard argenté a été soumis, plus que tout autre animal à fourrure, à des essais de domestication. Quand on a connu que son pelage n'était qu'une simple nuance du renard rouge, on a multiplié les expériences sur des sujets de prix inférieurs, afin d'apprendre à élever l'espèce. On procède maintenant à l'élevage du renard en captivité dans des proportions toujours croissantes, et l'on ne doute nullement de la possibilité de le domestiquer.

Renard à Pelage Pleine Croissance—Vue Prise en Décembre

Renard Noir, Pelage Pleine Croissance—Vue Prise en Décembre

II. Premiers essais de Domestication du Renard

IL serait superflu de faire mention de tous les premiers essais d'élevage de renards en captivité; en conséquence, on ne signalera que les expériences de quelques éleveurs, situés à des endroits très éloignés les uns des autres. Dans la plupart des cas, les expérimentateurs n'avaient aucune connaissance des procédés suivis par les autres.

Les trappeurs éleveurs avaient l'habitude de garder vivants des renards capturés au temps chaud, jusqu'à ce que leur fourrure fût de saison. Ainsi, de jeunes renards, pris au mois de juillet, étaient gardés jusqu'en décembre, avant d'être tués. Les premières données authentiques d'élevage de jeunes renards issus de parents gardés en captivité, ont été prises à Tignish, île du Prince-Edouard. Il y a environ trente-cinq ans, Benjamin Haywood essaya d'élever plusieurs renardeaux, mais ils furent détruits par leurs parents, parce qu'ils n'en étaient pas séparés ni gardés à part.

Plusieurs autres éleveurs, qui ont précédé M. Haywood, ont dû réussir aussi bien que lui, mais il importe de signaler les essais de celui-ci, car il avait pour voisins des hommes qui ont finalement obtenu de grands succès dans l'industrie de l'élevage des renards.

Un grand nombre de marchands de fourrures de Québec ont essayé l'élevage des renards. MM. Paquet Frères ont établi, il y a quelques années, un petit parc à Saint-Joseph d'Alma, près de la source du Saguenay, mais ils l'ont vendu plus tard. Les Révillon Frères avaient, il y a douze ans, préparé un terrain d'élevage sur la côte nord du Saint-Laurent, mais ils cessèrent plus tard leurs essais, étant sous l'impression que cette industrie était destinée à tomber. Holt, Renfrew & Cie., possèdent un enclos près de Québec, et ils ont élevé une portée de renards argentés provenant d'une paire de renards exposés en leur ménagerie aux chutes de Montmorency.

Dans l'Ontario, le Rév. George Clark, de Sainte-Catharines, qui possède beaucoup d'expérience dans l'élevage des faisans, éleva, en 1905, une couvée de renardeaux rouges issus d'une paire de renards sauvages. Deux enclos furent établis en 1906, près de North Sydney, sur la route de Lingan, à quelque distance de Sydney, N.-E.; mais, quelques années plus tard, on ne réussit pas à maintenir les renards en bon état, et le tout fut vendu à Bruce, Cummings, McConnell et autres, qui ont obtenu plein succès.

Eleveurs de Québec

M. Johann Beetz, de Piastre Baie, sur la côte nord du golfe St-Laurent, et M. T. L. Burrowman, de Wyoming, Ontario, ont élevé des renards avec succès. Le premier descend d'une riche famille de Bruxelles; poussé par ses goûts d'aventures, il a pris part à des expéditions de chasse au Labrador et dans l'Alaska. Vers 1898, il s'est finalement fixé à Piastre Baie, où il a fait des essais d'élevage de renards avec une paire de renards argentés apportés de l'Alaska. Plusieurs points du voisinage étaient boisés, et il prépara dix ou douze enclos, à environ une centaine de perches ou plus de sa demeure, plaçant en chacun deux femelles et un mâle. Pour les nourrir, il se procurait de grandes quantités de saumons, de homards et de gibier; de temps à autre il se faisait expédier du cheval de la ville de Québec. Il augmenta le nombre de son troupeau par des renards sauvages de la province de Québec, et continua l'élevage des renards rouges; grâce à une sélection intelligente, il est parvenu à produire un pelage d'une nuance argent cendré.

On rapporte de source certaine que M. Menier, le propriétaire de l'île d'Anticosti, a essayé d'élever des renards en son île, et qu'il y a mis en liberté des renards argentés et d'autres de diverses nuances, pour rendre plus uniforme la couleur du renard sauvage.

Un Eléveur dans l'Ontario

M. Burrowman est un marchand de fourrures qui, de bonne heure, s'est rendu compte de la possibilité de domestiquer les animaux à fourrures. Il y a vingt ans il gardait des renards en captivité, mais il n'a pu élever les jeunes jusqu'à maturité que depuis une dizaine d'années; car, avant cela, il gardait plus d'une paire par enclos. On peut l'appeler le pionnier des éleveurs de renards dans l'Ontario; feu Dr Robertson, de Foxcroft, Me., fut le seul à lui donner quelque aide.

Dalton et Oulton

C'est à Charles Dalton, de Tignish, I.P.E., et à son ancien associé, Robert T. Oulton, autrefois d'Alberton, I.P.E., mais à présent de Little Shemogue, N.B., que revient le mérite d'avoir placé, sur une base commerciale, l'industrie de l'élevage des renards. Dalton commença ses premiers essais vers 1887, avec des renards rouges, qu'il gardait dans un hangar, à Nail Pond. Plus tard, il acheta deux paires de renards argentés, du voisinage et de l'île d'Anticosti, et continua ses expériences, pendant environ dix années, avec succès ordinaires. Pendant ce temps, Oulton faisait aussi des expériences d'élevage de renards; il avait acheté un renard argenté de M. Gibbs, du lot 5, et une paire de la même espèce d'un M. Pope, de l'île d'Anticosti. Plus tard, tous les renards d'Anticosti qui n'atteignirent pas le degré de qualité voulue furent tués.

Une des principales difficultés des éleveurs consistait à empêcher les curieux de s'approcher de leurs enclos. M. Beetz n'était pas ennuyé par ses voisins; mais il ne pouvait qu'avec peine se procurer la nourriture nécessaire à ses animaux. Quant à Dalton et Oulton, ils n'éprouvèrent pas ces misères: ils se trouvaient dans des parties du pays bien établies, où ils pouvaïent se procurer en abondance et à bas prix, du cheval, des abatis, du suif, de la farine de maïs, du poisson, de la farine d'avoine et des déchets de boucherie.

Oulton continua son travail sur l'île Savage dont il était le seul habitant. Il réussit à empêcher le public de s'approcher de ses enclos; ceux-ci, construits à l'intérieur d'une clôture, d'un quart d'acre chacun, peuvent servir de modèles aux éleveurs actuels. Dalton et Oulton s'associèrent vers 1895 et ont réussi à inventer le genre de clôture métallique dont on se sert maintenant. En 1897, Dalton construisit un enclos à Tignish, tout en retenant la moitié de celui d'Oulton. Il achetait et vendait des peaux et faisait le commerce général des fourrures de la région. Tous les renards d'Oulton furent vendus par Dalton, ainsi que ceux de son ancien associé James Rayner et autres. Dalton entretenait une correspondance générale avec les marchands de fourrures, et importait des sujets qui furent trouvés précieux pour le croisement.

Premiers Eleveurs de l'Ile du Prince-Edouard

Il était évident que les voisins entreprenants, qui voyaient le succès avec lequel se faisait l'élevage du renard s'irriteraient de ne pouvoir participer à une entreprise qui produisait de tels profits. D'autres se livrèrent bientôt à des essais. En 1891, James Tuplin et James Gordon achetèrent une paire de renards au prix de $340. Dalton et Oulton furent surpris de constater qu'ils réussirent à élever une portée la saison suivante. Silas Rayner se lança aussi dans l'industrie de l'élevage, et, bien qu'il n'obtînt pas dès le début des sujets de bonne qualité, il apprit la manière de garder des renards; et enfin se procura de meilleurs animaux de Dalton et de Gordon. Frank Tuplin, de Summerside, prit chez son oncle, Robert Tuplin, les premiers sujets de son grand troupeau de renards. Il est probable que la valeur, en peaux, des renards que possèdent les particuliers susmentionnés et leurs héritiers, forme un total de $300,000. La demande de sujets pour la production est maintenant telle que les troupeaux ci-dessus vaudraient peut-être la somme de $2,000,000.

La plupart des essais d'élevage des renards ont failli, parce que:

1. L'on manquait de bons treillis métalliques pour la construction de clôtures telles que celles dont on fait actuellement usage.

2. Les habitudes monogamiques des renards n'étaient pas connues, et en conséquence ceux-ci étaient enfermés en grand nombre dans le même enclos, ce qui avait pour résultat la mort des jeunes.

3. Le prix de la fourrure n'était pas suffisamment élevé pour induire les éleveurs à risquer de grands capitaux dans les essais; d'un autre côté, ceux qui étaient doués des qualités requises pour mener l'entreprise à bonne fin ne possédaient que de faibles capitaux.

Grâce à l'augmentation des prix du renard argenté, vers 1890, au treillis métallique voulu pour clôturer les enclos, à la persistance d'hommes tels que Oulton, Dalton, Beetz et Burrowman, l'élevage se pratique maintenant avec succès. Les méthodes d'élevage de renards, employées par les premiers éleveurs, n'ont pas été connues du public, et, jusqu'en 1910, il n'existait pas plus d'une douzaine d'enclos. Les dernières grandes ventes de fourrures ont été faites en cette année; depuis lors il se vend partout des sujets qui serviront à la reproduction et seront la fondation d'autres troupeaux. La demande de reproducteurs est devenue telle que les prix se sont élevés, en l'espace de deux années, de $3,000 à $15,000 la paire; et, à la date de la préparation de ce rapport, décembre 1912, on ne pourrait même pas, à ce dernier prix, se procurer les meilleurs reproducteurs.

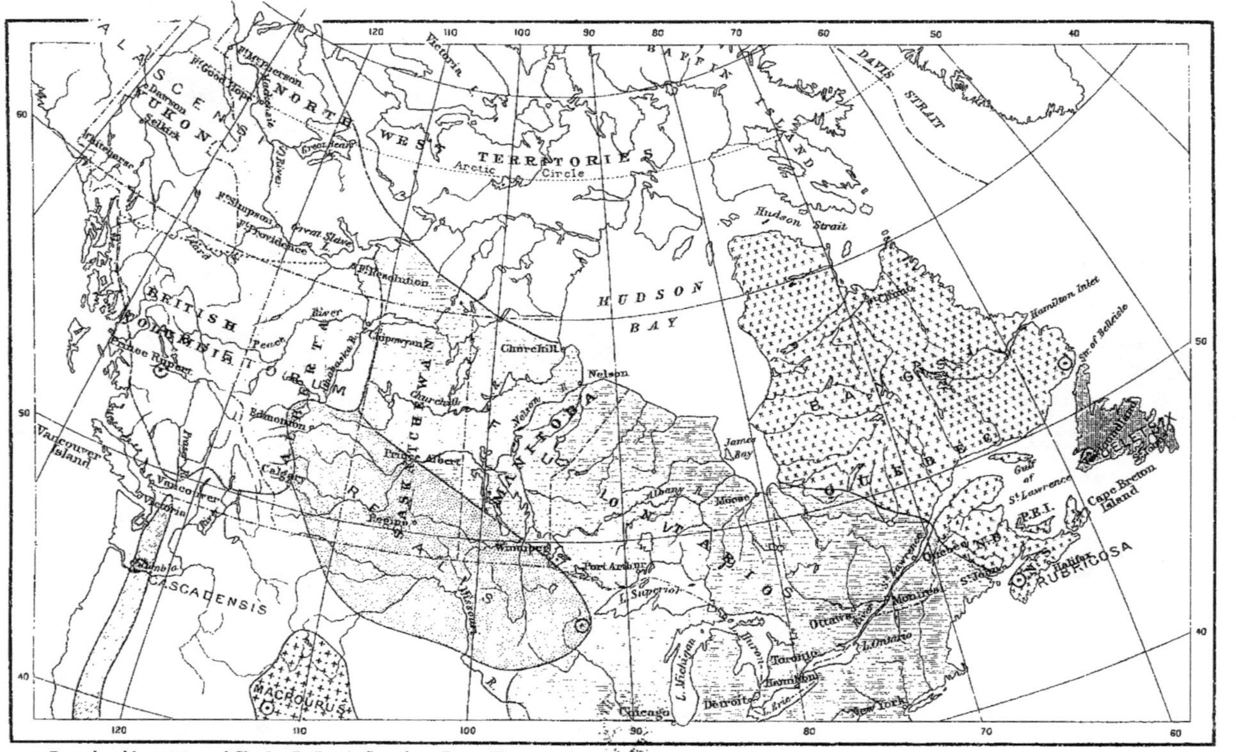

Reproduced by courtesy of Charles Scribner's Sons from Ernest Thompson Seton's "Life-Histories of Northern Animals." Copyrighted 1909 *in the United States, by Ernest Thompson Seton.*

MAP 1.—RANGE OF THE NORTH AMERICAN RED FOXES IN CANADA

This map is diagrammatic and must be greatly modified by further work, especially in the west. It is founded chiefly on C. Hart Merriam's revision with additional records by E. W. Nelson, S. F. Baird, J. Fannin, R. MacFarlane, Audubon and Bachman, A. P. Low, V. Bailey, E. A. Preble, O. Bangs, A. E. Verrill.

The following are the species:

Vulpes fulvus (Desmarest),
Vulpes macrourus Baird,
Vulpes cascadensis Merriam,
Vulpes rubricosa Bangs, with 2 races,
Vulpes deletrix Bangs,
Vulpes alascensis Merriam, with 2 races,
Vulpes kenaiensis Merriam,
Vulpes harrimani Merriam,
Vulpes regalis Merriam.

III. Manuel de l'Elevage d'Animaux à Fourrures

RENARD ROUGE COMMUN

LE renard habite tous les continents; il comprend un certain nombre d'espèces. Le renard rouge commun est le plus répandu; ses habitats représentent une zône qui s'étend à travers l'Europe au nord, et de là au centre de l'Asie, et jusqu'au Japon; au sud, on le trouve dans le nord de l'Afrique, dans l'Arabie, la Perse, le Bélouchistan et les régions septentrionales de l'Inde et des Himalayas. Dans l'Amérique du Nord, il habite tout le continent, sauf la Virginie et quelques régions les plus septentrionales du Canada et des Etats-Unis. Vu l'immense territoire qu'elle habite, l'espèce compte plusieurs variétés. Ces variétés ou sous-espèces diffèrent les unes des autres en forme, taille et couleur; mais ces différences échappent à l'observation de ceux qui ne sont pas connaisseurs. Toutefois, il est facile de distinguer les quatre espèces de renards que l'on voit partout en Amérique, savoir: le renard rouge commun à bouquet de poils blancs au bout de la queue, le renard des régions arctiques ou polaires, aux oreilles courtes, au pelage bleu ou blanc; le renard-nain, à queue noire, et le renard gris, à livrée gris rouge, au poil érectile jusqu'à la queue. Mais il est plus difficile de distinguer les sous-espèces du renard rouge commun. Merriam les a classées ainsi:

RENARD ROUGE COMMUN (*Vulpes*) dont le pelage est multicolore en plusieurs régions, savoir:

Renard Rouge—Rouge et blanc avec points noirs;

Renard Argenté—Point de taches rouges, mais livrée entièrement noire, parsemée de poils argentés; bouquet blanc au bout de la queue;

Renard Croisé—Ressemble au renard argenté, mais son pelage est rouge sur les côtés, au cou et aux oreilles.

V. fulvus—Ontario, Québec, Etats-Unis de l'Est.

V. bangsi—Labrador et la côte nord du golfe St-Laurent.

V. deletrix—Terre-Neuve.

V. rubricosa—Nouvelle-Ecosse, Gaspé, île du Prince-Edouard.*

V. regalis—Manitoba, Dakota, Montana, Alberta.

V. macrourus—Wyoming, Nevada.

V. abietorum—Colombie-Britannique, Alberta, Territoires du Nord-Ouest.

V. alascensis—Alaska, Yukon.

V. harrimani—Iles Kadiak.

V. kenaiensis—Péninsule Kenai.

V. cascadensis—Washington, Orégon, Californie.

V. mecator—Californie.

---

* Le renard de l'île du Prince-Edouard étant en réclusion dans cette île depuis des années, forme, probablement, une variété distincte.

Nuances des Couleurs

Un examen des discussions touchant les nuances de couleurs des renards a fourni des données définies sur ce sujet. Inutile de produire une liste des nombreux cas soumis à l'étude: tout le monde sait que les couleurs des renards croisés, argentés, noirs et rouges ne sont que des nuances de celle du renard rouge commun. Ces couleurs existent toutes; et la cause de leur existence est du domaine de la biologie, qui nous enseigne qu'autrefois les renards étaient noirs et que le renard argenté est atavique. On aura plus gagné en décrivant le procédé par lequel les couleurs plus foncées proviennent de parents à pelage rouge.

On peut résumer les faits comme suit:

1. Les parents à pelage argenté produisent des petits argentés—ceux-ci ne sont jamais rouges ou croisés. (Voir ci-après les exceptions possibles.)

2. Les parents à pelage rouge produisent généralement des petits de même couleur, mais, parfois, parmi ceux-ci, il y aura des croisés, et même, mais en petit nombre, des argentés.

3. Ordinairement, les parents croisés (piquetés) donnent des petits croisés.

4. Le croisement d'un argenté avec un rouge pur produira des petits à pelage rouge avec taches plus foncées sur le ventre, le cou et autres places, que celles des parents rouges. La couleur des petits est d'une nuance que l'on appelle 'bâtarde.'

5. Lorsqu'on croise un renard bâtard avec une renarde argentée, la portée est en moyenne de 50 pour cent argentée et de 50 pour cent rouge.

6. Les parents bâtards rouges produisent souvent, dans une portée, un petit noir ou argenté—la proportion des argentés étant de un sur quatre.

7. Dans les exceptions aux règles qui précèdent, les couleurs ne s'isolent pas, mais se marient au contraire, ainsi que chez les rouans dont les poils rouges et blancs se mélangent et ne se séparent pas en taches distinctes. On produit des renards croisés en accouplant un argenté avec une rouge; quelquefois on obtient une couleur intermédiaire chez les petits.

C'est ainsi qu'en quelques pays on trouve des renards dont le pelage a toutes les nuances du rouge, du blanc et du noir. Il y a des renards:

ROUGES	*Rouges.*—Rouges en dessus et foncés en dessous avec points bruns.
	Bâtards.—Rouges en dessus et foncés en dessous et sur le cou, avec points plus foncés.
CROISÉS ou PIQUETÉS	*Mauvais Croisement.*—Généralement rouges et foncés comme ci-dessus, avec taches d'argent au bas du dos, sur les épaules et les hanches.
	Bon Croisement.—Rouges sur les côtés, le cou et les oreilles, foncés en dessous, argentés sur le dos, les épaules et la croupe.
ARGENTÉS	*Argentés ou Teintés d'Argent.*—Pelage totalement argenté, sauf le cou; foncé en dessous et blanc seulement à l'extrémité de la queue.
	Noir Argenté ou Argent Foncé.—Livrée entièrement noire, à l'exception du bout de la queue et des poils argentés sur les hanches et le front.
	Noirs.—Pelage noir fin, sauf le bout de la queue, avec poils argent foncé que l'on ne découvre que sur un examen attentif.

On ne saurait trouver deux renards de couleurs absolument semblables. Sur trois renards argentés soumis à l'examen, pas un n'avait de poils blancs au bout de la queue, d'autres n'avaient qu'une demi-douzaine de ces poils blancs; et cependant, un bouquet de ces poils à l'extrémité de ce membre, est le signe distinctif de l'espèce. D'autres avaient des taches blanches sur les jambes et la poitrine, et le reste du pelage d'un blanc fin.

L'union d'un renard argenté à une renarde rouge fin produit des petits argentés après deux portées. Si la première portée n'a donné que des rouges, deux plans de croisement peuvent être adoptés:

(a) L'accouplement d'un mâle et d'une femelle de cette portée produit, généralement, un argenté et trois rouges.

(b) L'accouplement d'un renardeau rouge à une mère argentée donne, en moyenne, 50 pour cent de rouges.

On obtient plus rarement une couleur mixte ou intermédiaire du croisement d'un argenté et d'une rouge. En accouplant des petits pendant quatre générations à un sujet argenté, on élimine le rouge des taches du pelage. La ségrégation de l'argenté d'avec le rouge se manifeste communément en plusieurs localités, mais, ailleurs, le rouan ou couleur intermédiaire se produit très fréquemment: les caractéristiques des parents se mélangeant et ceux des hybrides se reproduisant tels.

A ce sujet, on lira avec intérêt un extrait d'une lettre datée du 2 août 1912, écrite par le professeur W. Bateson, de l'université de Cambridge, Angleterre, naturaliste de renom et une autorité sur la coloration du pelage. Au début de l'investigation on adoptait l'opinion commune des naturalistes et des éleveurs, et l'on avait ainsi exposé au professeur Bateson que de renards argentés naît parfois un petit de couleur rouge. Depuis lors, cependant, il a été démontré que cette opinion était loin d'être habituellement exacte. En conséquence des expériences subséquentes ont prouvé que la théorie du professeur Bateson était vraie en tous points.

Le professeur Bateson dit:

"A première vue je supposerai que le renard argenté est un rouge à l'état latent et qu'il se reproduira toujours ainsi. Mais, dites-vous, tel n'est pas le cas; d'où je conclus que si les renards argentés produisent des rouges, il existe dans leurs organes quelques complications que nous ignorons encore. Provisoirement, je nie cette assertion, jusqu'à ce que je puisse me procurer des preuves irréfutables du contraire.

"Je ne sais vraiment pas ce que c'est qu'un renard argenté, mais je suppose qu'il existe entre lui et le rouge des relations semblables à celles qu'il y a entre un chat argenté et un chat ordinaire, c'est-à-dire, c'est le même individu moins les éléments rouges ou jaunes. Il peut être difficile de démêler les rapports de couleurs, quand il y a série de formes gradationnelles*. Tout d'abord, il faudrait trouver une famille dans laquelle la distinction entre les argentés et les rouges serait bien tranchée; après cela croiser les argentés entre eux—frère et sœur, si nécessaire.

"Je devrais conclure, d'après ce que vous dites, que l'on ne peut trouver deux argentés de sexes différents pour servir de reproducteurs. Si tel est le cas, il faudra accoupler les argentés, qui auront été produits et que vous élèverez, avec les rouges obtenus par l'accouplement d'un rouge avec un argenté—étant donné que la portée soit composée seulement de rouges. Mais, si vous avez obtenu des argentés, accouplez-les ensemble ou avec les parents de cette couleur.

* Tels que renards croisés.

« Malgré les grandes difficultés que présente la domestication des renards, je crois que vous pourrez facilement arriver à perpétuer une lignée d'argentés.»

Le professeur Bateson a parfaitement décrit les expériences des éleveurs de renards. Ceux qui ont passé leur vie à faire des essais avec des formes gradationnelles, telles que les renards croisés ou de diverses couleurs, ne peuvent pas prévoir, avant la naissance des produits, le résultat qu'ils obtiendront. Ceux qui ont fait le choix de deux sujets de couleurs différentes pourront obtenir un type pur après deux générations.

Caractères qui ne se Mélangent pas

Le Dr Eugène Davenport donne une explication de la loi des hybrides par Mendel, dont plusieurs éleveurs pourront tirer parti. Il dit:

« Lorsque des sujets différents sont accouplés, deux résultats divers peuvent se produire: ou bien ils se fondront en un seul caractère, et alors nos exemples montrent que les *proportions restent dans le sang à l'état latent*; ou bien ils resteront distincts comme deux caractères indépendants chez le même individu. La taille et les proportions du corps, ainsi que beaucoup de couleurs s'harmonisent sans difficulté, mais tous les caractères ne suivent pas cette voie. Par exemple, dans la race humaine, le noir et le blanc se mêlent régulièrement: les produits d'un blanc et d'une négresse sont des mulâtres de nuances diverses, selon l'infusion respective; mais les couleurs ne se mêlent pas dans les porcs, ceux-ci restent noirs, blancs ou piquetés, mais ils ne sont jamais rouans ou mulâtres. Quelques couleurs se mêlent chez les chevaux, d'autres restent distinctes. Chez certaines bêtes à cornes (les Shorthorns) les couleurs se mêlent; chez d'autres (les Holstein-Friesian) elles restent séparées.

« Il en est ainsi de plusieurs autres caractères: plusieurs se marient, d'autres s'y refusent. Quand le mélange n'a pas lieu, les apparences sont alors des guides moins sûrs que les qualités héréditaires, et l'on ne peut en dépendre pour prévoir les résultats d'un croisement. Voilà ce qui a fait pendant longtemps le désespoir des éleveurs, et qui enveloppait le travail de l'amélioration, comme nous le savons à présent, d'un voile mystérieux et néfaste.»

Couleur Argentée Rouge Latent d'après Mendel

Supposons qu'un éleveur ait un renard argenté qui, n'étant qu'un rouge dissimulé, donne toujours des produits du même caractère que lui, et qu'il l'accouple avec une renarde rouge pur, prise dans une région où il n'y a pas de mélanisme. Représentons la renarde rouge par R.R. et le renard noir ou argenté par N.N. (Supposons, quant aux résultats, que l'influence des sexes soit égale.)

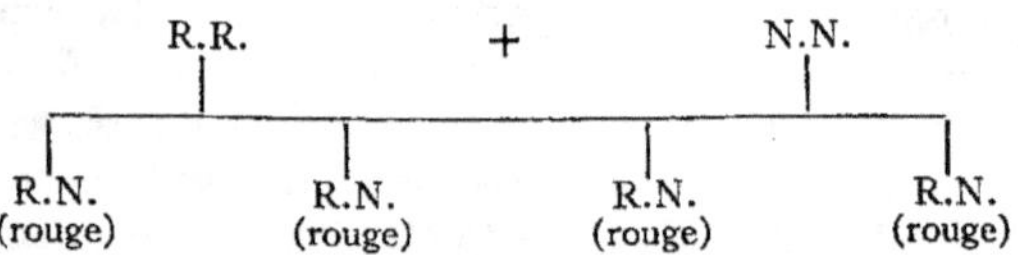

Tous les petits sont rouges, mais du type bâtard susmentionné, avec parties plus noires—jambes, museaux et oreilles. Ils sont en réalité demi-noirs, mais le noir est dissimulé ou à l'état latent dans la première génération, tandis que le rouge prédomine.

Cet éleveur pourra maintenant appliquer deux méthodes pour obtenir la production de l'argenté ou du noir pur N.N.

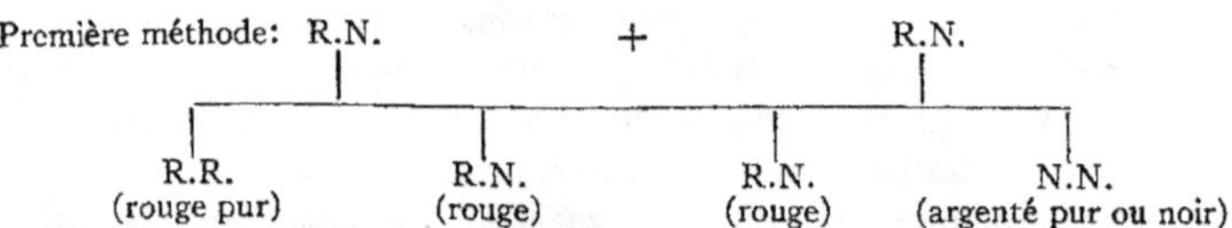

Résultats: Un quart de la portée est rouge pur
Une moitié de la portée est rouge du type bâtard
Un quart de la portée est noir ou argenté

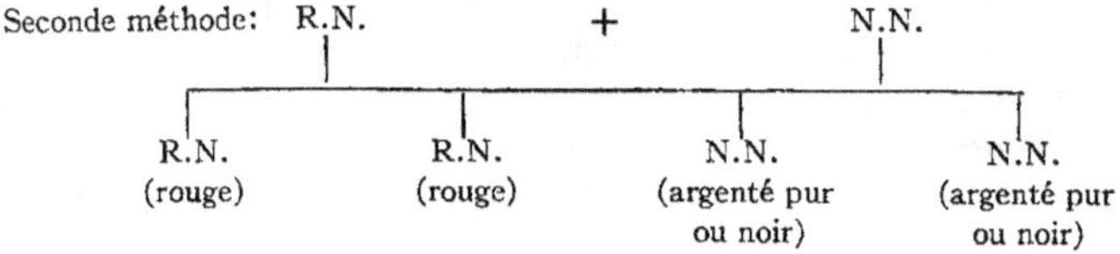

Résultats: Une moitié de la portée est rouge du type bâtard
Une autre moitié de la portée est noir ou argenté pur

Ainsi, on peut conclure que dans une région où il existe du mélanisme, ou dans laquelle on trouve le renard noir ou le rouge, ou l'un et l'autre, peu de renards ont le pelage de couleur pure.

Si l'unité, que forme l'union, pouvait être regardée comme le produit de la fusion des gamètes que fournit chaque parent, dans la proportion de ses ancêtres, en—rouge et argenté—il serait facile de connaître d'avance les résultats, grâce à un simple calcul arithmétique, la fusion des gamètes étant déterminée par la loi des probabilités.

1. Renardeau Rouge Agé de deux Mois—Ligne Noire d'Hérédité
2. Renard Croisé, Rouge sur les Côtés, le Cou et les Oreilles—Vue Prise en Septembre
3. Renard Argenté Brun avec Taches Blanches sur la Poitrine
4. Femelle Noire—Vue Prise en Octobre

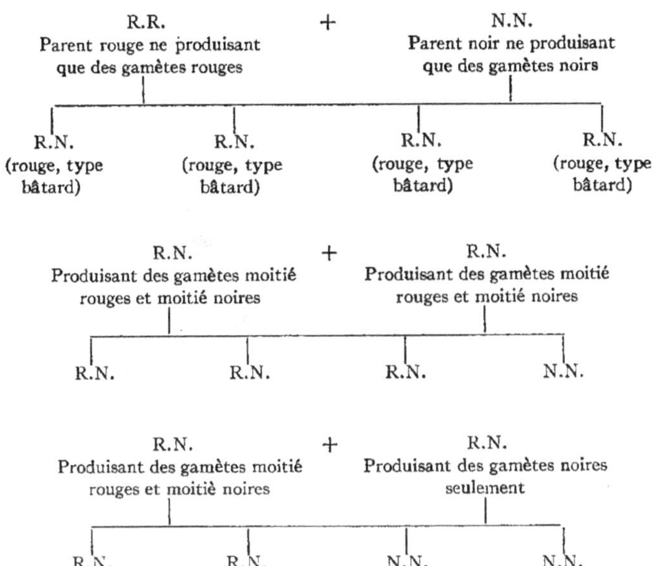

Il est bon de noter que lorsque la couleur noire (N.N.) se montre, l'animal est toujours du type pur; R.R. signifie rouge pur, et R.N. encore rouge, mais le pelage est plus foncé.

Il importe aussi de faire connaître clairement les résultats moyens qui peuvent se produire, car on fait de nombreuses conjectures à l'effet de savoir si, oui ou non, des renards accouplés à un argenté produiront quelques petits argentés. On a payé jusqu'à $500 des renardeaux rouges issus d'un parent argenté, car selon toute probabilité, si l'on accouple le renardeau à un argenté, la portée sera composée de rouges et d'argentés en nombre presque égal. L'attente est presque toujours réalisée, mais l'éleveur se décourage souvent en voyant que la première génération n'est composée que de rouges, et s'il ne continue pas le travail du croisement, il perd l'avantage d'obtenir des argentés.

Elevage de Renards Argentés Issus de Rouges

On croit généralement que les renards argentés, issus de renards rouges, ont le pelage roux foncé et ne sont pas des types aussi purs que ceux qui, de génération en génération, ont été élevés dans les enclos. Le professeur W. E. Castle, de l'université de Harvard, dit que les expériences seules démontreront de quelle qualité seront les jeunes argentés issus de parents rouges.* Les résultats signalés en cette étude montrent que quelques-unes des meilleures peaux qui ont été obtenues, sont celles de renards argentés nés d'un parent rouge. Il a été très difficile de recueillir des renseignements sur ce point important, car les éleveurs refusent ordinairement de fournir des données sur les expériences acquises par le croisement avec des rouges, et il existe un grand préjugé à ce sujet dans l'île du Prince-Edouard. Ce préjugé provient sans doute du fait que l'on ignore les lois de Mendel dans la ségrégation des sujets.

Le Rév. George Clark, de Ste-Catharines, Ontario, possède un renard noir mâle, qu'il a capturé près de York Factory, Baie d'Hudson, qui a toujours produit des argentés, quand il a couvert une jeune renarde quelconque. Toutefois, cinq ou six portées issues d'un même mâle ne sont pas des garanties suffisantes pour donner lieu de formuler une conclusion générale. Il peut se faire qu'il soit nécessaire de croiser encore plusieurs des milliers de renards rouges, gardés en captivité, afin qu'une partie des reproducteurs soit composée d'argentés. Vu que l'on a acheté les renards rouges dans des régions où les peaux étaient de qualité médiocre, il est probable que les argentés qui en naîtront ne seront pas de première qualité. Cependant, le climat canadien, qui est favorable à la production de bonnes fourrures, pourra améliorer les sous-espèces exotiques.

Renards Croisés pour la Reproduction

Les éleveurs sont plus contents quand ils obtiennent des croisés à la première génération; mais si l'on accouple des croisés, on ne pourra jamais éliminer entièrement la propension à la production d'un sujet rouge. En effet, les renards argentés ayant eu pour ancêtres des renards croisés, il

* Le professeur Castle, questionné à ce sujet répond:

"Les faits contenus en votre lettre du 14 novembre que, je suppose, vous avez suffisamment vérifiés, montrent clairement que le noir (ou l'argenté) qui caractérise la livrée de certains renards, n'est, selon Mendel, que le rouge dissimulé, et qu'il peut être recouvré dans la seconde génération, par un croisement avec un rouge. L'expérience seule pourra démontrer si ce procédé est de nature à l'améliorer ou à le détériorer. Je suis d'opinion qu'il vaut la peine de continuer les expériences avec les renards croisés que l'on obtient occasionnellement dans la génération F; car, dans cette lignée particulière il semble exister une tendance qui soit de nature à renverser le caractère dominant. S'il était possible de renforcer cette propension par une sélection judicieuse, il en résulterait une lignée plus puissante de renards argentés; et si elle était suffisamment puissante pour dominer F, il est évident qu'il serait possible de produire des argentés d'une façon beaucoup plus sûre."

résulte de ce fait qu'une certaine proportion de gamètes rouges est entrée dans leur organisme, et qu'en conséquence un sujet rouge peut se présenter, en tout temps, parmi les autres argentés d'une portée. On n'a signalé que peu d'exemples de renardeaux rouges ou croisés dans une portée de renards argentés, et l'on n'a présenté aucun cas basé sur preuves dignes de foi; toutefois, on est généralement porté à croire que parfois il se présente un rouge. Un éleveur de renards argentés, qui a des sujets si impurs dans son enclos, est tenté de cacher la chose, soit en tuant ou en éloignant les rouges. On peut obtenir des renards argentés, à pelage de bonne qualité, par l'accouplement de renards croisés avec des argentés, pendant plusieurs générations; et, si les renards argentés employés à cet accouplement sont issus d'ancêtres croisés, il est probable que leurs produits seront composés de renardeaux rouges, bâtards et croisés. Cependant, tout semble montrer que très peu de rouges sont produits en ces croisements; au contraire, il est clairement prouvé que l'on peut arriver à produire des renards noirs d'une manière pratiquement permanente, en les accouplant avec des argentés. Si l'on accouple, pendant plusieurs générations, des renards rouges, croisés, et argentés, il est pour ainsi dire impossible de savoir de quelle couleur sera le pelage des produits. On a vu des renardeaux dont la livrée portait traces des couleurs de renards rouges, croisés et argentés.

Renards aux Meilleures Fourrures

Nul doute que les plus beaux renards captifs sont issus de parents capturés dans l'île du Prince-Edouard. Donc les meilleurs renards appartiennent à l'espèce géographique, *vulpes rubricosa;* ou, ce que l'on affirme—et qui est peut-être possible—le renard de l'île du Prince-Edouard, séparé de la terre-ferme, constitue une sous-espèce distincte, autrement dit, une race géographique. On n'a pas encore les mesures de son crâne ni des autres parties de son corps. Si les physiologistes reconnaissent qu'il diffère de l'espèce qui vit sur la terre-ferme, il pourrait être désigné sous un nom nouveau, par exemple *vulpes abegweit.*—Abegweit est le nom indien de l'île du Prince-Edouard.

Puisque les peaux de renards rouges et argentés ont obtenu les plus hauts prix sur le marché de Londres, c'est là une preuve de leur supériorité. Quelques peaux de renards rouges ont été payées 80 shillings. En 1910, vingt-trois peaux de renards rouges de l'île du Prince-Edouard furent vendues, par un seul homme, au prix de £68 sterling, soit une moyenne de $14.39 chacune; d'autres vendeurs disent qu'ils ont eu 88 shillings pièce, mais l'on n'a pas de preuves documentaires de pareilles ventes.

Quand on peut capturer des types noirs de ces animaux, on peut constater qu'ils sont remarquables par leur beauté et l'éclat de leur pelage. Les ancêtres des renards les plus estimés ont été pris dans des tanières situées, en général, dans l'île du Prince-Edouard.

On peut citer un exemple de renards sauvages capturés, car les sujets argentés trouvés parmi eux ont servi au croisement de ceux qui se vendent le plus cher aujourd'hui. Deux habitants de Bedèque, I.P.E., avaient vu une renarde rouge dans le voisinage de cette ville, et l'hiver suivant elle devint la compagne d'un renard argenté. Au mois de juillet suivant (1900), Louis Holland et Louis Spence découvrirent leur retraite et en sortirent leurs petits au nombre de quatre noirs et trois rouges; ils les vendirent à Charles Dalton pour la somme de $300.

On cite plusieurs autres cas de portées produites en liberté, dont la moitié des petits était des argentés et l'autre des rouges. Une femelle rouge, élevée à la Nouvelle-Ecosse, et accouplée à un renard argenté, a mis bas quatorze renardeaux au cours des années 1910, 1911 et 1912: sept étaient rouges et sept argentés.

Plusieurs des éleveurs des autres provinces ont vendu aux éleveurs de l'île du Prince-Edouard, où la demande de reproducteurs a été plus active, des renards argentés et d'autres argent foncé. Il n'est pas probable que l'on puisse trouver plus de quarante renards argentés dans les douze et quelques enclos de l'Ontario. Les sujets que l'on y élève sont des bâtards et des croisés, qui produisent des petits parmi lesquels on compte quelques argentés. Comme l'expérience acquise par ces éleveurs en vendant de la fourrure, ne leur a pas donné la certitude que les prix élevés, payés actuellement dans les provinces Maritimes pour les reproducteurs, sont justifiés par la valeur de la fourrure des animaux, ils ont vendu leurs animaux aux prix élevés qui leur ont été offerts.

Vu que l'on continue à importer des sujets étrangers dans l'île du Prince-Edouard, il est probable que trente à quarante pour cent des renards argentés ont été croisés avec les nouveau-venus. La qualité de la fourrure y a perdu, dans la plupart des cas, bien que, cependant, les animaux y aient peut-être gagné en taille, fécondité et sous d'autres rapports.

L'examen de plusieurs des renards importés a montré que leur fourrure était de qualité inférieure, principalement ceux de Terre-Neuve (sous-espèces *V. deletrix*), dont la peau est généralement roux foncé, rude et 'floconneuse' au toucher. Les renards de Québec et du Labrador (sous-espèce *V. bangsi*), sont supérieurs à ceux de Terre-

Paire Accouplée, Le Mâle Argent Trés Foncé, et la Femelle Demi-Argentée, Pelage en Octobre

Enclos dans une Erablière—Ensoleillé en Hiver, Ombragé en été

Neuve. Les sujets de l'Ontario (sous-espèce *V. fulvus*) viennent d'endroits si distants les uns des autres qu'il est impossible de donner une description exacte de leur qualité. Quelques-uns, néanmoins, semblent être de première classe, et formeront de bons sujets pour la production des fourrures.

Les experts en pelleteries, qui ont fait une étude spéciale de la faune du Canada, disent que les renards rouges et argentés de la rivière Athabaska, du Yukon et de l'Alaska, ont souvent une grande valeur. La peau des sujets de cette région a du poids, et, si l'on choisit des reproducteurs de bonne qualité, les conditions d'élevage seront excellentes, surtout si l'on peut leur fournir de la venaison et du poisson en abondance.

RENSEIGNEMENTS SUR LE PARCAGE

Bien qu'il soit légal de garder en captivité des animaux à fourrures dans les provinces du Canada où il existe une saison fermée, il est illégal de les retenir ainsi dans la plupart des provinces, pendant ce temps. Il est également défendu de capturer des animaux à fourrures pour les parquer, pendant la saison fermée, dans toutes les provinces, excepté dans l'île du Prince-Edouard. Dans la Saskatchewan et Québec il est probablement permis de garder de ces animaux pendant la saison fermée, s'ils ont été pris pendant la saison ouverte, ou en dehors de la province. Quant aux autres provinces, il est interdit d'élever ces animaux en lieux clos, sans avoir, au préalable, obtenu un permis du département provincial chargé du soin du gibier et des animaux à fourrures.

Les différentes autorités provinciales peuvent encourager l'élevage des animaux à fourrures, en modifiant leurs lois de chasse, afin d'accorder des permis aux habitants pour capturer et garder captifs, en toute saison, des animaux à fourrures, dans un but d'élevage. L'obligation de produire un état de la production aurait pour effet d'empêcher l'abus de ce privilège.

Emplacements des Enclos

Si l'on a pu se procurer des reproducteurs de bonne qualité, il faut ensuite choisir pour les parquer un endroit où la qualité des animaux se maintiendra de génération en génération. Il faut compter beaucoup avec le climat pour ce qui regarde la valeur des fourrures. C'est dans les régions froides que l'on obtient les peaux les plus lourdes; l'humidité de l'atmosphère est aussi un important facteur. Poland dit que c'est dans le voisinage des lacs et des mers que les peaux ont le plus de poids, et que la fourrure est plus épaisse, grâce, sans doute, à l'humidité dont l'atmosphère est saturée. Les bords de la mer et les plaines déboisées rendent la fourrure plus rude; celle-ci est au contraire plus douce dans les lieux boisés et dans les forêts. M. Wesley Frost, consul des Etats-Unis à Charlottetown, dans un rapport qu'il fit à son gouvernement, en 1912, dit: "La température et l'humidité de l'île (du Prince-Edouard) tiennent un heureux milieu entre le froid intense, l'atmosphère moite et terne de Terre-Neuve, du Labrador et de l'Alaska, et les régions plus chaudes et plus sèches, situées plus au sud. On dit que les fourrures des pays plus au nord sont rudes mais épaisses, tandis que celles qui proviennent des états du nord de notre pays sont légères et minces." On assure aussi que l'absence de calcaire dans l'île du Prince-Edouard et du comté de Westmorland, Nouveau-Brunswick, fournit un sol de choix aux renards pour y creuser des terriers, et constitue un avantage pour la fourrure. Néanmoins, étant donné que quelques renards de première qualité ne creusent jamais de terriers, et que les éleveurs bouchent avec soin ceux qu'ils découvrent, on ne saurait guère tenir compte de cette supposition.

Ce qui suit est un résumé des meilleures conditions requises pour l'élevage des renards:

1. Les renards devraient être parqués dans un endroit boisé, où le climat est suffisamment froid pour produire une peau et un pelage de bonne qualité et d'un bon poids.

2. La santé de l'animal et le climat sont deux conditions indispensables à la valeur de la peau. Pour l'entretien de la santé de l'animal, une nourriture abondante et variée est requise et c'est dans une section agricole bien peuplée que l'on peut se procurer avec facilité cette alimentation.

3. Les reproducteurs doivent être de première qualité. Les meilleurs renards sont ceux gardés en captivité dans les enclos, car ils ont l'avantage d'être à moitié domestiqués.

Il est important d'établir plusieurs enclos dans une même localité: l'échange de reproducteurs est rendu plus facile, et les dangers de la consanguinité peuvent être prévenus. D'un autre côté, les éleveurs sont plus en lieu de se communiquer les résultats qu'ils ont obtenus. Il y a néanmoins à craindre qu'un trop grand nombre d'enclos puissent créer des difficultés à l'approvisionnement alimentaire des renards. On trouve, dans chaque district rural, assez d'abatis d'animaux, et de viande à vil prix, pour en nourrir des vingtaines de renards, mais pas des centaines. En conséquence, plusieurs centaines de renards dans la

Un Endroit Boisé est la Meilleure Place pour l'installation d'un Parc

même localité nécessiteraient l'achat de viandes coûteuses. On peut trouver dans une ferme ordinaire assez de déchets de viande, d'abatis, de pain, de biscuits, de volaille, pour nourrir plusieurs renards.

Emplacement Boisé

Le meilleur endroit, pour y établir un enclos, est celui qui ne peut pas être inondé, et dans lequel la neige ne s'entasse pas en monticules pendant l'hiver. Il faut que le sous-sol soit argileux, afin que les renards ne puissent pas y creuser profondément, pour s'évader par dessous la clôture. Les terrains qui produisent des bouleaux, des épinettes, des sapins et des cèdres, y compris des plantes médicinales et des baies dans les clairières, sont généralement recouverts d'une couche de gazon et reposent sur un sous-sol argileux voisin de la surface. On n'éprouve aucune difficulté à installer des enclos en pareils lieux; il suffit de faire descendre la clôture jusqu'à l'argile, pour empêcher les renards d'échapper par les trous qu'ils creusent. Quand, au contraire, la surface et le sous-sol sont sablonneux, les dépenses de clôture sont élevées, car les renards creusent à des profondeurs de six pieds et plus. Quelques renards, en forant les uns derrière les autres, soulèvent un nuage de poussière et de terre. Une clôture ne peut être considérée sûre dans un terrain à surface glaiseuse, à moins qu'elle ne pénètre jusqu'à un sous-sol d'une grande dureté.

La proximité de l'habitation du gardien a aussi son importance. Le propriétaire peut donc établir son enclos dans le voisinage de sa demeure; mais si la chose était impossible, il pourrait faire bâtir une maisonnette pour le gardien à côté de l'enclos. Il n'est pas bon de parquer des renards trop près d'une habitation; car, à certains moments de l'année, ces animaux exhalent une odeur forte et très désagréable.

Les avantages que procurent un grand enclos boisé peuvent être résumés en la manière suivante:

1. Les clôtures extérieures et le bois protègent les renards contre les curieux, les chiens, les bêtes à cornes et les voleurs, et inspirent à ces animaux un sentiment de sécurité contre leurs ennemis.

2. Les endroits boisés sont particulièrement avantageux pour les renards nerveux; ils peuvent y trouver une retraite et l'ombre propice à la fourrure, dormir tout le jour tranquillement sous les arbres, régime plus hygiénique que celui d'un nid ou d'un terrier.

3. La clôture extérieure est une protection additionnelle contre la fuite dans la forêt. Si un renard réussit à franchir la clôture de son enclos, il peut être facilement repris dans l'enceinte

de la clôture extérieure, ou bien, si la porte reste ouverte, il peut facilement revenir à son enclos au temps des repas.

4. Dans les lieux boisés, la neige ne s'amoncelle pas en monticules, mais s'étend sur la surface. Les entassements de neige exigent des clôtures plus élevées ou la pose de treillis métallique avec rebord à l'intérieur, pour empêcher la fuite des renards. Une clôture de six ou sept pieds de hauteur suffit, lorsque la profondeur de la neige n'excède pas un ou deux pieds.

5. Les conditions climatériques d'un enclos sous couvert sont plus stables: l'été y est plus frais, il y a moins de vent l'hiver, le printemps y est plus chaud pour les jeunes; le dégèle et la gelée y endommagent moins la fourrure; la pluie et le verglas y sont moins nuisibles.

6. Les renards peuvent se cacher des maraudeurs, et un étranger ne peut les prendre sans briser leurs cabanes, quand ils sont cachés dans leurs nids; mais un pareil bruit donnera sans doute l'éveil au chien et au gardien.

7. L'enclos extérieur permet de prendre des mesures protectives: le gardien y demeure jour et nuit; les chiens y sont tenus attachés; des pièges à voleurs, des signaux à maraudeurs, électriques ou autres, y sont installés; quelques enclos sont même éclairés au moyen de lampes ou de lumière électrique et munis d'un service téléphonique.

8. Les grands enclos semblent donner de meilleurs résultats que les petits, parce que les renards placés en divisions contiguës sont compagnons.

Autres Lieux à Choisir

Si l'on ne peut disposer d'un endroit boisé, l'enclos peut être installé dans un terrain découvert, mais il faudra y planter des arbres à croissance rapide, tels que le peuplier de la Caroline, l'érable mou, l'érable du Manitoba (*A. negundo*), l'acacia, le saule. Un éleveur de l'Ontario, qui demeure dans une ville d'un district où l'on cultive la vigne, a planté des vignes dans son enclos et les a disposées en treilles le long des clôtures. Nous savons, depuis Esope, que le renard est très friand de raisin, mais il est permis de douter que la santé de cet animal puisse être plus florissante dans un champ de vigne que dans un autre endroit. La vigne donne de l'ombre en été, tout en ne créant pas d'abri en hiver; elle fournit de bons fruits dans la saison, et la cueillette exige de la part de l'animal une gymnastique hygiénique. Tout l'enclos est entouré d'un mur en

Construction d'une Clôture en Treillis Métallique

Vue d'une Clôture en Treillis Métallique. Plusieurs Eleveurs Préfèrent L'entourer d'une Allée

béton, chose impossible dans une localité où il y a de grandes chutes de neige; le manque de ventilation est aussi un désavantage, et les dépenses de construction sont beaucoup plus élevées. Cela montre, toutefois, ce que peut faire un éleveur d'expérience, pour fonder une industrie sur un terrain de ville, entouré de population.

Un verger peut quelquefois être converti en enclos. M. T. L. Burrowman, de Wyoming, Ontario, a placé ses enclos dans un verger de quatre acres de superficie; il protège ses arbres fruitiers au moyen de gardes-troncs.

On choisit quelquefois à cette fin des cours attenant à une grange, des endroits à découvert dans le voisinage des habitations, des crêtes de collines où la neige ne s'entasse pas, et plusieurs autres sortes d'emplacements; mais les éleveurs ne font pas de pareils lieux des enclos permanents. Ils choisissent de meilleurs endroits, dès qu'ils ont les capitaux voulus.

Ile Servant d'Enclos

On a quelquefois choisi une île pour y faire un enclos. Quand la chose est possible, il est plus facile de tenir les curieux à l'écart, et un renard qui aurait pu franchir la clôture ne se sauvera pas à la nage pour gagner la terre-ferme. L'île du Prince-Edouard est particulièrement privilégiée sous ce rapport, car un renard qui aura franchi la clôture de son enclos, ne pourra jamais nager jusqu'à la terre-ferme; il sera retrouvé et capturé; tandis que, sur la terre-ferme, une fois libre, il parcourra des centaines de milles et se cachera dans des lieux inhabités.

Clôtures et leur Construction

Quand l'emplacement d'un enclos a été choisi, le bois et les broussailles sont enlevés sur une largeur de quatre pieds; le terrain est ensuite nivelé et l'on érige une clôture extérieure; les arbres qui l'avoisinent à l'intérieur sont abattus ou ébranchés de façon à empêcher les renards d'y monter et de s'en servir pour franchir la clôture. Les piquets, de cèdre, si possible, sont plantés à trois pieds de profondeur et de 10 à 16 pieds les uns des autres. Quand on ne peut pas se procurer des piquets de cèdre ou d'acacia, ni d'autres essences durables, la partie enfoncée en terre devrait être durcie au feu ou imprégnée de pétrole ou de créosote. Leur longueur devrait être de 10 à 15 pieds, selon l'épaisseur de la neige l'hiver en la localité; l'extrémité de la partie entrée dans le sol devraît être pointue, afin d'empêcher la gelée de la soulever. Un piquet de quatre pouces de diamètre à douze pieds du sol se vend de 30 à 75 cents, selon les localités.

Il n'est pas nécessaire d'ancrer les piquets angulaires s'ils sont consolidés au moyen de longerons d'un pouce d'épaisseur et de quatre pouces de largeur cloués solidement aux piquets. Le longeron supérieur supporte le treillis métallique.

La partie du treillis qui forme rebord à l'intérieur, au sommet de la clôture, dont la largeur est ordinairement de 18 à 24 pouces et qui repose sur des tasseaux cloués à angle droit avec les piquets et les longerons, est fixée à ces tasseaux au moyen de crampons; les mailles de ce treillis en fils métalliques galvanisés, No 16, sont de deux pouces.

Le treillis métallique dont les mailles sont aussi de deux pouces est fixé aux longerons avec des crampons et pend en dehors des piquets. Si plusieurs largeurs de treillis sont nécessaires, elles sont superposées et les lisières sont attachées avec du fil galvanisé No 16, à la partie supérieure, et avec du fil galvanisé No 14 ou 15 à la partie inférieure. On tend le treillis à chaque angle au moyen de leviers de deuxième classe passés dans les mailles; le piquet sert de point d'appui. Il faut que les piquets angulaires soient perpendiculaires. Si le terrain n'est pas de niveau, le treillis devra être plié ou coupé en triangle au point de changement de niveau, sans quoi il 'gondolera': c'est ce qui arrive aux piquets angulaires sur les terrains en pente et aux endroits de changement de niveaux de la clôture.

La clôture extérieure est souvent construite en planches de 6 et même 10 pieds de longueur. La partie supérieure est ordinairement en treillis avec rebord, pour empêcher les renards de sortir de l'enclos. Sur le sol, à l'intérieur, est étendu une bande de treillis métallique galvanisé de trois pieds de largeur, à mailles de deux pouces, fil No 15. Une des lisières est attachée à la clôture, au niveau du sol, ou fixée avec des crampons, si celle-ci est en bois; l'autre lisière est clouée à des piquets plantés en terre. Comme le renard commence toujours à creuser près de la clôture, ce tapis métallique sera un obstacle efficace.

Treillis Employé

Le treillis le plus durable, employé jusqu'à ce jour, a été importé de la Grande-Bretagne; le tissu est double et la lisière est formée d'un toron de trois fils roulés. La galvanisation, faite après le tissage, raffermit les joints. Ce treillis est expédié en ballots de 150 pieds de longueur; sa largeur varie. Les meilleurs fils ne dureront pas plus de huit à douze années sous terre. Il n'est pas sans intérêt de noter que l'une des principales manufactures de ce treillis en a fourni à l'île du Prince-Edouard une longueur de plus de 250 milles, dont la largeur moyenne était de quatre pieds.

La liste qui suit donne les prix courants des treillis métalliques anglais pour enclos; ces prix sont de 10 à 20 pour cent plus bas que ceux des manufacturiers des Etats-Unis:

Largeur	Maille	Grosseur No.*	Prix par 150 pieds linéaires
18	2	16	$2.65
24	2	16	3.50
30	2	16	4.25
36	2	16	4.85
48	2	16	6.40
60	2	16	8.00
72	2	16	9.65
36	2	15	6.10
48	2	15	8.15
60	2	15	10.15
24	2	14	5.20
30	2	14	6.20
36	2	14	7.25
48	2	14	9.40
60	2	14	11.85
36	1	17	8.50
48	1	17	11.00
72	1	17	16.50
24	1	16	7.25
36	1	16	10.25

La tableau suivant indique le prix comparatif du treillis de mailles diverses. On peut trouver le prix canadien en retranchant 15 pour cent du prix courant de toutes les grosseurs inférieures à celle No 14. Vu que les droits de douane sur les treillis à fil No 14 et au-dessus sont moins élevés, on peut retrancher 22 pour cent du prix courant.

* Pour les treillis d'enclos à renards, on fait usage des Nos. 16 à 14, et des Nos. 17 à 16 pour les treillis d'enclos à visons.

PRIX COURANT EN DETAIL DU TREILLIS A CLOTURE D'ENCLOS

(Prix bruts d'un rouleau de 50 verges, galvanisé une fois manufacturé)

Maille	Gros-seur	12 pouces de large	18 pouces de large	24 pouces de large	30 pouces de large	36 pouces de large	42 pouces de large	48 pouces de large	60 pouces de large	72 pouces de large	108 pouces de large	Gros-seur	Maille	
½ pce	22	3.53	5.10	6.61	8.07	9.67	11.30	12.90	16.15	19.35	.....	22	½ pce	Fait jusqu'à 96 pouces de large
«	20	4.29	6.15	8.00	9.75	11.70	13.65	15.60	19.50	23.30	.....	20	«	
«	19	5.73	8.18	10.65	12.96	15.60	18.20	20.80	25.95	31.20	.....	19	«	
⅝ pce	22	2.85	3.84	4.99	6.09	7.20	8.40	9.60	12.00	15.40	.....	22	⅝ pce	
«	20	3.33	4.77	8.17	7.54	9.05	10.55	12.06	15.10	18.10	.....	20	«	
«	19	4.61	6.52	8.49	10.35	12.40	14.50	16.55	20.70	24.80	.....	19	«	
¾ pce	20	2.26	3.21	4.11	5.00	5.84	6.82	7.80	9.74	11.68	.....	20	¾ pce	Fait jusqu'à 84 pouces de large
«	19	2.87	4.15	5.23	6.40	7.48	8.74	10.00	12.50	15.00	.....	19	«	
«	18	3.92	5.62	7.16	8.73	10.20	11.90	13.60	17.00	20.40	.....	18	«	
1 pce	20	1.81	2.58	3.27	4.00	4.66	5.44	6.21	7.76	9.32	.....	20	1 pce	
«	19	2.15	3.09	3.92	4.78	5.60	6.53	7.46	9.32	11.20	.....	19	«	
«	18	2.62	3.76	4.77	5.82	6.82	7.95	9.10	11.36	13.62	.....	18	«	
«	17	3.52	5.03	6.38	7.80	9.12	10.65	12.15	15.20	18.25	.....	17	«	
«	16	4.70	6.74	8.56	10.32	12.33	14.27	15.90	20.37	24.45	.....	16	«	
1¼ pce	19	1.73	2.48	3.15	3.79	4.40	5.12	5.85	7.32	8.78	13.15	19	1¼ pce	Fait jusqu'à 120 pouces de large
«	18	2.11	3.03	3.84	4.64	5.36	6.25	7.15	8.95	10.63	16.10	18	«	
«	17	2.76	3.98	5.04	6.08	7.05	8.25	9.42	11.80	14.15	21.20	17	«	
«	16	3.72	5.34	6.80	8.22	9.50	11.10	12.68	15.85	19.10	28.50	16	«	
1½ pce	19	1.36	1.97	2.50	3.00	3.45	4.05	4.63	5.80	6.95	10.40	19	1½ pce	
«	18	1.73	2.48	3.15	3.80	4.40	5.12	5.85	7.32	8.80	13.15	18	«	
«	17	2.26	3.23	4.11	4.93	5.75	6.70	7.60	9.55	11.45	17.20	17	«	
«	16	2.87	4.13	5.20	6.30	6.40	7.45	8.50	10.65	12.80	19.20	16	«	
1⅝ pce	19	1.26	1.81	2.27	2.78	3.20	3.75	4.27	5.35	6.42	9.60	19	1⅝ pce	
«	18	1.55	2.22	2.80	3.40	3.95	4.60	5.20	6.55	7.90	11.80	18	«	
«	17	2.11	2.87	3.65	4.40	5.11	5.96	6.83	8.52	10.22	15.33	17	«	
«	16	2.32	3.61	4.60	5.53	6.39	7.46	8.52	10.64	12.77	19.16	16	«	

PRIX COURANT EN DETAIL DU TREILLIS A CLOTURE D'ENCLOS (suite)

(Prix bruts d'un rouleau de 50 verges, galvanisé une fois manufacturé)

Maille	Gros-seur	12 pouces de large	18 pouces de large	24 pouces de large	30 pouces de large	36 pouces de large	42 pouces de large	48 pouces de large	60 pouces de large	72 pouces de large	108 pouces de large	Gros-seur	Maille	
2 pce	19	1.08	1.55	1.97	2.35	2.68	3.12	2.57	4.46	5.35	8.00	19	2 pce	Fait jusqu'à 120 pouces de large
"	18	1.36	1.97	2.52	2.98	2.40	4.00	4.55	5.68	6.80	10.20	18	"	
"	17	1.77	2.54	3.25	3.84	4.38	5.12	5.84	7.30	8.76	13.10	17	"	
"	16	2.30	3.29	4.20	5.00	5.72	6.67	7.62	9.53	10.63	17.15	16	"	
"	15	2.89	4.15	5.26	6.28	7.38	8.37	9.57	11.77	14.34	21.54	15	"	
"	14	3.72	5.31	6.80	8.10	9.25	10.82	12.36	15.45	18.54	.....	14	"	
2½ pce	19	.92	1.34	1.70	2.02	2.30	2.70	3.08	3.85	4.60	.....	19	2½ pce	Fait jusqu'à 96 pouces de large
"	18	1.14	1.63	2.07	2.30	2.84	3.26	3.80	4.75	4.68	.....	18	"	
"	17	1.50	2.16	2.76	3.30	3.77	4.40	5.02	6.30	7.55	.....	17	"	
"	16	1.89	2.74	3.49	4.14	4.75	5.55	6.35	7.90	9.50	.....	16	"	
"	15	2.34	3.35	4.28	5.10	5.84	6.80	7.80	9.75	11.70	.....	15	"	
3 pce	19	.85	1.22	1.54	1.84	2.10	2.45	2.80	3.50	4.20	6.30	19	3 pce	Fait jusqu'à 120 pouces de large
"	18	1.00	1.43	1.80	2.17	2.47	2.92	3.30	4.12	4.95	7.40	18	"	
"	17	1.38	1.85	2.36	2.82	3.20	3.70	4.25	5.35	6.40	9.60	17	"	
"	16	1.69	2.32	2.94	3.50	4.00	4.68	5.35	6.68	8.00	12.05	16	"	
"	15	....	2.74	3.49	4.15	4.75	5.55	6.35	7.90	9.50	14.20	15	"	
"	14	....	3.33	4.22	5.05	5.76	6.70	7.65	9.58	11.50	17.25	14	"	
4 pce	18	.85	1.22	1.54	1.84	2.10	2.45	2.80	3.50	4.20	6.30	18	4 pce	
"	17	1.34	1.43	1.81	2.17	2.47	2.88	3.29	4.12	4.95	7.42	17	"	
"	16	1.50	1.69	2.15	2.55	2.92	3.40	3.90	4.86	5.84	8.76	16	"	
"	15	....	2.19	2.83	3.36	3.83	4.48	5.10	6.40	7.66	11.50	15	"	
"	14	....	2.64	3.35	4.00	4.56	5.33	6.08	7.60	9.13	13.68	14	"	

Construction d'un Enclos Les conditions d'un enclos idéal peuvent être ramenées aux suivantes:

1. L'étendue de l'enclos doit être suffisamment grande pour permettre aux renards de courir à toute jambe quand ils prennent leurs ébats.

2. Une partie devrait être ombragée pour fournir des lieux de retraite.

3. Pour donner aux jeunes l'avantage de jouer, certaines parties devraient être chaudes, bien drainées et exposées au soleil.

4. Du gazon, des feuilles ou des aiguilles d'épinette ou de pins constituent une bonne couverture de surface; le sable ne nuit pas, mais la boue doit être évitée.

La superficie des petits enclos, dont se servent les meilleurs éleveurs, est d'au moins 900 pieds carrés. Un éleveur a enfermé une paire de renards de haute valeur dans un enclos de 4,000 pieds carrés. Un enclos de dimension ordinaire est entouré par un ballot de treillis de 150 pieds de longueur. La superficie est donc de 37 pieds par 37 pieds, ou 30 pieds par 42 pieds, ou 25 par 50. Quelquefois on adopte la dernière forme, et une clôture est faite à l'une des extrémités pour séparer le mâle d'avec la femelle, pendant la dernière période de la gestation, et pendant que les petits sont jeunes.

Il est plus difficile de construire la clôture de l'enclos que celle de l'enceinte du terrain ou clôture extérieure, car il faut empêcher les renards de se creuser des terriers et de passer par en dessous. Lorsque l'enclos est sur un terrain argileux, il suffit d'enterrer la clôture à un pied de profondeur; si, au contraire, le sous-sol est mou, il faut que la clôture pénètre d'au moins quatre pieds dans la terre. Quand le terrain n'a pas de consistance, il importe de creuser une tranchée assez large et d'y étendre une couche de béton brut sur une largeur de deux pieds le long de la clôture, à l'intérieur de l'enclos. Un éleveur ayant établi un enclos sur un terrain sablonneux, revêtit toute la surface d'une couche de béton et recouvrit le tout de sable de plus d'un pied de profondeur. Un tel procédé est nuisible, quand le drainage est défectueux. On devrait étendre un tapis métallique le long de la clôture d'enclos, à l'intérieur, ainsi que le long de la clôture extérieure, afin d'empêcher les renards de s'échapper par en dessous.

Les matériaux suivants sont nécessaires à la construction d'une

Type Ordinaire des cabanes et des Enclos

Boîte d'emballage servant de Cabane

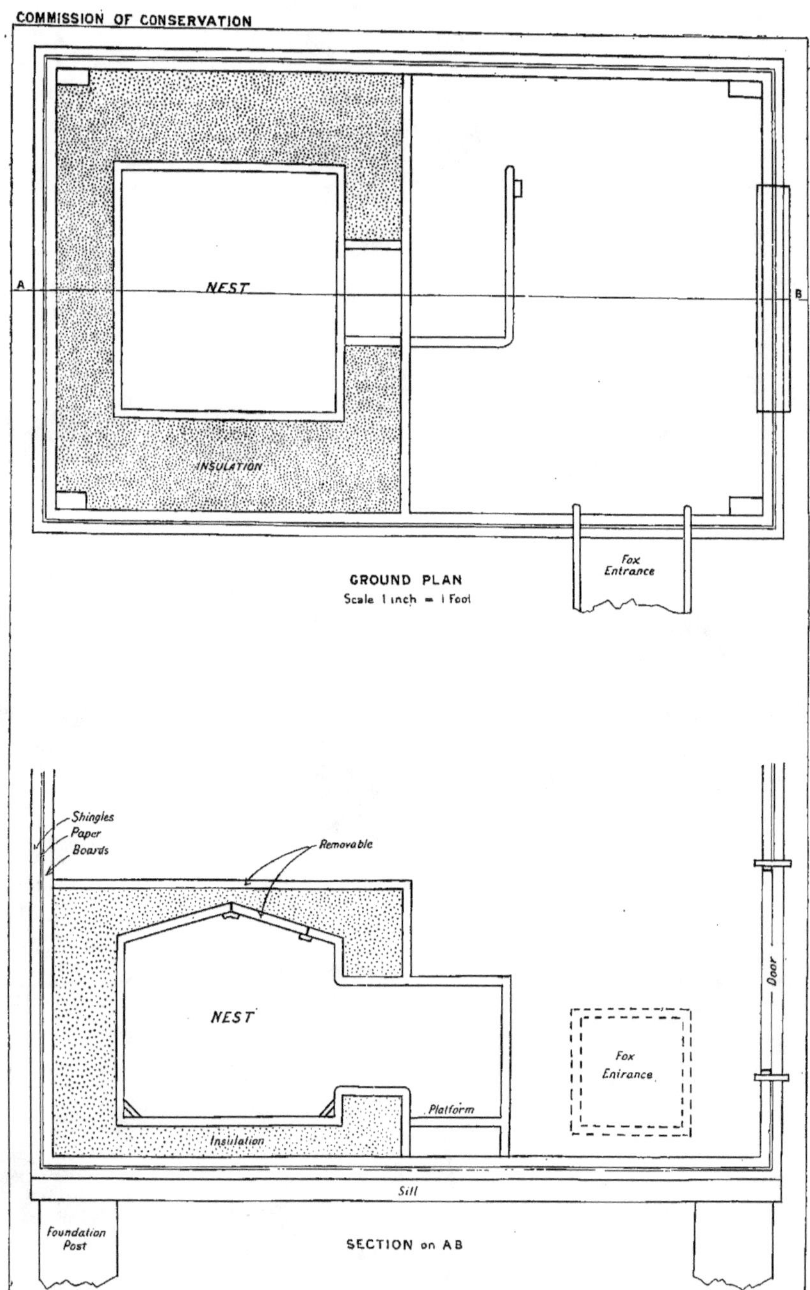

Vue du Plancher et Coupe Verticale d'une Cabane de Renard

clôture d'enclos d'une hauteur de 9 pieds au-dessus de la surface et de trois pieds de profondeur dans le sol:

12 piquets, chacun de 13 pieds de longueur.
150 pieds de longerons d'un pouce d'épaisseur et de 4 pouces de largeur.
150 pieds de longueur de rebord métallique, 24 pouces de largeur, mailles de 2 pouces, grosseur de fil No 16.
150 pieds de longueur de treillis métallique, 5 pieds de largeur, mailles de 2 pouces, grosseur de fil No 16.
150 pieds de longueur de treillis métallique, 4 pieds de largeur, mailles de 2 pouces, grosseur de fil No 14.
150 pieds de longueur de treillis pour la terre, 3 pieds de largeur, mailles de 2 pouces, grosseur de fil No 14.
150 pieds de tapis métallique, 3 pieds de largeur, mailles de 2 pouces, grosseur de fil No 15.
Des clous, chevilles, crampons, charnières, serrures pour la porte, et fil de fer No 16 pour ligatures.

Habituellement, on ne se sert pas de treillis à mailles plus petites pour être posés sur la surface de la terre, cependant, on cite des exemples de jeunes renards qui se sont étranglés en passant la tête au travers des mailles de 2 pouces. En conséquence, si l'on pouvait se procurer un treillis à mèches plus petites, grosseur de fil No 15, on éviterait ainsi la mort d'animaux de valeur.

Un nouveau modèle de clôture d'enclos, qui est évidemment plus parfait que les autres, est maintenant érigé en quelques enclos plus récents. Le treillis à mailles de deux pouces, calibre No 16, est remplacé par une feuille de tôle galvanisée de trois pieds de largeur, clouée sur des longerons de 2 pouces d'épaisseur et de 4 pouces de largeur et qui vont d'un piquet à un autre. Une telle clôture empêche les renards de grimper, de se fracturer les jambes en tombant, et prévient d'autres accidents. On a vu une clôture dont la partie supérieure était formée d'une feuille de tôle. Par ce moyen on pouvait se dispenser du rebord en treillis à l'intérieur. Les renards ne grimpent que lorsqu'ils sont très épeurés. Il faut leur épargner cette peur, mais chez quelques animaux c'est impossible de l'éviter. Tous les pieux ou souches pointus, doivent être enlevés de l'enclos, car ils blesseraient les renards qui, par accident, peuvent s'y jeter. Pour empêcher les renards de grimper, il faut leur couper les griffes médianes de temps à autre, ou clôturer l'enclos avec de la tôle, tel que susdit. Mais cette tôle ne devrait pas être placée près du sol, car elle empêcherait la circulation de l'air dans l'enclos.

Porte de l'Enclos

La porte donnant accès à l'enclos devrait être de dix-huit à vingt-quatre pouces au-dessus du sol, munie de bonnes charnières et d'une serrure solide. S'il n'y a pas de clôture extérieure, il faut alors deux portes d'entrée, et disposées de manière que lorsque l'une est ouverte l'autre reste fermée. Si les renards ont deux enclos à leur disposition, la porte qui donne accès de l'un à l'autre devrait être placée à deux pieds de terre et une plateforme en pente placée de chaque côté, ces portes devraient être de 4 pieds sur deux pieds. Plusieurs éleveurs construisent une sorte de tunnel à la séparation des enclos, afin que les renards ne puissent les franchir qu'en rampant. Ce genre de communication est défectueux, car les renards, à force d'y passer, usent les poils des épaules et des hanches.

Construction de la Cabane

Au début, les cabanes furent faites de troncs d'arbres, de barriques ou de boîtes. Plus tard, on plaça une petite boîte dans une grande, et l'espace qui les séparait fut rempli de sciure de bois ou de balle d'avoine. Un passage fait en planche y donnait accès; le toit était couvert de feuilles de tôle; pareilles cabanes sont encore en usage, mais les maraudeurs peuvent facilement les dépouiller.

M. Burrowman et quelques autres éleveurs de l'Ontario cherchent à imiter la nature d'aussi près que possible. Ils ont construit à cette fin une tanière en ciment presque entièrement souterraine, dans un endroit bien drainé. Ces sortes de constructions sont à l'épreuve des voleurs; le gardien lui-même ne peut avoir accès au nid. On cite en particulier une tanière, à Bothwell, dans laquelle on ne pouvait pénétrer qu'en rampant, après avoir ôté le petit passage qui servait d'entrée aux renards.

Les cabanes en bois, placées au milieu de l'enclos sont celles que l'on adopte le plus souvent. A l'intérieur il y a une tanière, avec entrée et sortie. Les renards entrent dans la cabane par un passage rectangulaire fait de quatre planches. Ce passage, dont les dimensions intérieures peuvent être de 7½ pouces sur 10 pouces, devrait être en pente et être élevé de 6 pouces du sol à son extrémité. A l'un des bouts de la cabane est la porte d'entrée du gardien; celle-ci peut être remplacée par une ouverture dans le toit sous forme de trappe fixée au moyen de charnières; ces deux sortes d'entrées doivent être toujours fermées à clef. Les dimensions intérieures de la cabane sont ordinairement de 3 pieds sur 4½ pieds, ou un peu plus grandes. Les poteaux corniers sont de 3 pieds de haut; les murs sont en planches recouverts d'une couche de papier et sur le tout des bardeaux; les planchers sont faits d'un double rang de planches, entre celles-ci on pose une couche de papier; le toit est fait de planches recouvertes de papier et de bardeaux; aux deux pignons sont pratiquées deux petites ouvertures pour l'aérage de l'intérieur. Toutes les parties contre lesquelles les renards peuvent se frotter sont polies au papier sablé, afin de protéger le poil supérieur. La cabane devrait reposer sur des soles d'un pied au-dessus de la surface, afin que les renards ne puissent pas se cacher sous le plancher.

Construction du Nid

Le nid ou abri intérieur est la retraite des jeunes renards; il doit être assez spacieux pour éviter l'entassement, et proportionné de façon que la chaleur des animaux puisse le réchauffer. Les dimensions ordinaires des nids sont de 18 pouces, sur 18 pouces, sur 20 pouces. L'entrée, de 8 pouces de diamètre, est placée sur un des côtés; les angles du plancher sont consolidés par des onglets triangulaires; trois ou quatre trous d'un demi-pouce de diamètre sont creusés dans le toit pour fin d'aérage; le toit est mobile, ce qui permet au gardien de le soulever, quand il veut examiner l'intérieur du nid. Ce nid est entouré de corps mauvais conducteurs de la chaleur, afin que les occupants y soient chaudement. Les meilleurs matériaux connus jusqu'à présent sont le liège dans lequel on garde le raisin malaga d'Espagne, l'algue séchée, le bran de scie, la balle et les feuilles. Une couche de quatre ou cinq pouces de ces matières isolantes, sur les six faces du nid, y retiendra suffisamment de chaleur, et en absorbera l'humidité. Quelquefois on ajoute pour litière, en hiver, une légère couche de terre, de feuilles, d'algue ou d'herbe des marais.

Disposition des Enclos et des Tanières

Ordinairement les enclos sont placés côte à côte, sur les deux côtés d'une allée d'environ six ou huit pieds de largeur*; les clôtures des extrémités de cette allée sont une sauvegarde additionnelle contre la fuite. L'enclos du mâle, selon un plan, se trouve à l'extrémité de l'enclos commun; pour le séparer il suffit de fermer la porte. Selon un autre plan, l'enclos du mâle est éloigné de plusieurs pieds; il suffit, pour le séparer de la femelle de fermer la porte du passage d'entrée. La tanière du mâle peut consister en une boîte ou barrique avec entrée à saut; l'enclos du mâle tend à disparaître d'année en année; il devrait être construit près de l'enclos commun, et disposé de manière à ce que la séparation se fasse sans difficulté.

---

* Voir ce diagramme en regard de cette page.

Aliment et Alimentation

Le renard à l'état sauvage ne se nourrit pas uniquement de viande, comme on le croit quelquefois; cet animal est un peu omnivore; il mange de l'herbe et des baies. Si, en captivité, il était nourri uniquement de viande, ses intestins seraient probablement attaqués des vers.

Le genre de nourriture varie tant par localité qu'on ne peut donner qu'un certain nombre de règles à suivre. Par le fait que l'on réussit à nourrir le renard, comme le chien, de plusieurs manières, on peut dire qu'il s'accommode de toute espèce d'aliments. On dit que la peau des renards élevés à Copper River, Alaska, est d'un magnifique éclat, parce que ces animaux sont nourris de saumons huileux. Les éleveurs de l'Ontario sont excusables de faire la chasse aux lapins et aux marmottes, qui sont la nourriture 'naturelle' des renards. J. Beetz, de Piastre Baie, Québec, nourrit ses renards de poissons et de homards. Il doit attribuer ses succès de capture de renards au fait que ceux-ci viennent chaque hiver de l'intérieur, à la recherche de la même sorte de nourriture, sur la côte du fleuve St-Laurent. Qui peut enseigner à un vieil éleveur de l'île du Prince-Edouard comment nourrir ses renards? 'Rien n'est trop bon pour eux', dit-il, et il leur donne de tout ce qu'il mange lui-même, et en plus de l'herbe, de petits poissons, des souris, des sauterelles et des baies.

Alimentation de Viande

Les renards sont alimentés de viande de cheval, de veau, de rebuts de boucherie (foies, cœurs, têtes, etc.), de poisson (salé ou frais), de lapins, de marmottes, de souris, de rats, d'oiseaux, d'écureuils, de corps de homards et de vieilles bêtes à cornes et de moutons. On leur sert généralement la chair crue, mais quelques éleveurs la font cuire à moitié avec très peu de sel. Souvent les éleveurs salent en barils des carcasses; et au besoin en font désaler des morceaux en les plaçant dans l'eau courante un jour ou deux. Quelques-uns des plus beaux renards que j'aie vus avaient été alimentés de cette manière et semblaient bien portants, probablement parce qu'ils étaient exempts de vers. Certains éleveurs ont des établissements frigorifiques où la viande est gardée sur la glace. Aucun entrepôt semblable aux congélateurs de boitte n'est encore en usage, mais le congélateur de boitte de Rustico, île du Prince-Edouard, peut servir de modèle à ces constructions. Aucune sorte de réfrigérant mécanique n'a été mise à l'essai.

On garde sur pieds de vieux chevaux et bêtes à cornes que l'on abat de temps à autre, au besoin. Comme on sait que des renards sont morts de tuberculose, ils devraient être soumis à l'épreuve de la tuberculine; il faudrait au moins faire l'examen médical des tubercules après

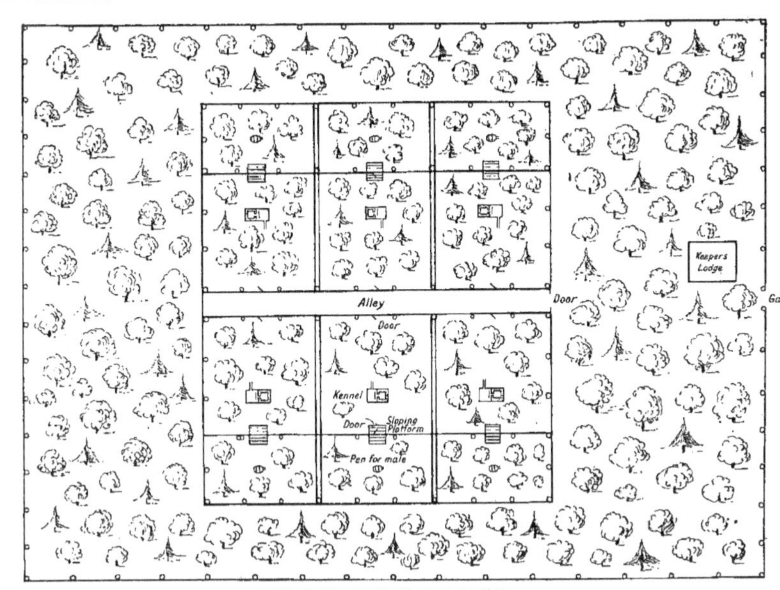

THE BEST TYPE OF FOX RANCH
Scale 1 inch = 50 feet

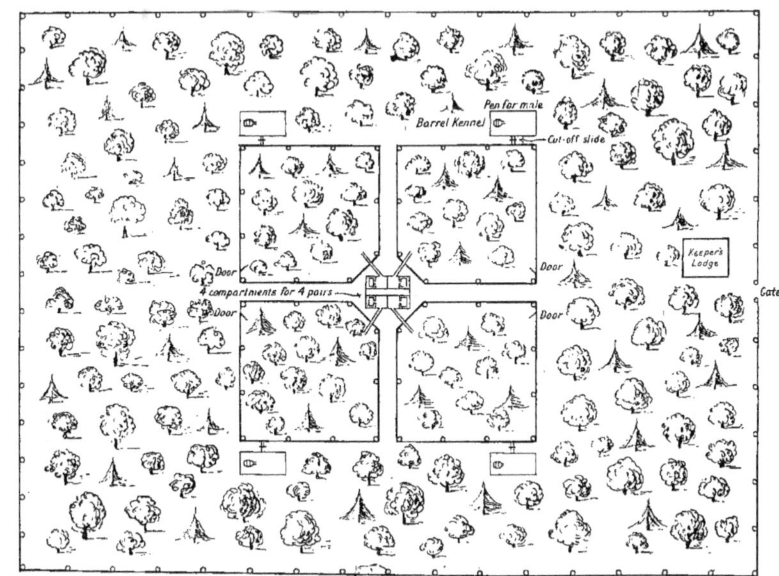

A GOOD TYPE OF FOX RANCH

leur mort. Le montant de viande que l'on doit donner au renard est un quart de livre par jour, et si l'animal en enterre, on doit diminuer cette quantité.

Alimentation sans Viande

La nourriture sans viande comprend les biscuits, le pain fermenté, la galette de maïs, les légumes, la bouillie d'avoine, les baies, les pommes, le lait et les œufs. On obtient de bons résultats en se servant des biscuits brevetés pour les chiens, dans un enclos on ne nourrit les renards que de biscuits de Spratt, de lait et d'eau. Le meilleur biscuit ordinaire est le biscuit de mer. Il est probable que le pain azyme, cuit dur, est meilleur que le pain levé. Ces animaux préfèrent le pain arrosé de graisse de rôti. On s'est servi avantageusement de suif pour beurrer la galette de maïs.

Aucune sorte d'alimentation ne sera couronnée de succès, si elle n'est pas administrée avec discrétion. Les vaisseaux devraient être fréquemment ébouillantés, lavés et tenus parfaitement propres. Il faut suspendre à la clôture les récipients d'eau, au moyen de crochets métalliques, de manière que les renards ne puissent grimper par-dessus. Quand on s'aperçoit que les renards enterrent ou cachent de la nourriture, on s'abstiendra de leur en donner pendant quelque temps. Lorsqu'il gèle, en avril ou en mai, la viande gelée tuerait les petits renards; il faut alors la leur servir chaude ou à demi cuite. Si un renard était plus glouton que l'autre et dévorait plus que sa part de nourriture, il faudrait leur en servir une forte quantité le soir, et la leur enlever quand les deux sont rassasiés, *e.g.*, une tête de vache peut être laissée plusieurs jours dans l'enclos pour servir d'alimentation de viande.

Biscuits de Renards

Le biscuit de chiens, breveté, constitue un aliment parfait pour les renards. Ces biscuits se composent de diverses sortes de nourriture, ce qui permet de les servir selon la quantité requise. Les pastilles médicatrices sont aussi reconnues excellentes et sont faciles à administrer. L'élevage des animaux à fourrures peut donner naissance à une industrie de confection de biscuits composés de fibres de viande ou de poisson. Il est probable que c'est la meilleure manière de conserver la viande et de la servir sans perte ni difficulté.

Mode Général d'Alimentation

On devrait s'abstenir de donner des os cassés de crainte que les renards ne les avalent. Il est bon de donner des os à manger, aux jeunes surtout, afin d'aider à la formation des os et de faire disparaître les dents de lait. Quelques éleveurs ne donnent pas à manger les poissons qui ont des arêtes, tels que la perche, de crainte que ces arêtes ne percent les délicates membranes de la gorge et des intestins. On a cependant acquis la conviction

de Québec, la loi rend passibles d'une forte amende les personnes qui s'approchent des enclos d'élevage d'animaux à fourrures.*

Il faut que le gardien évite, autant que possible, tout bruit dans les enclos à l'heure des repas. Il devrait se ménager un poste d'observation d'où il pourrait voir les animaux sans en être aperçu lui-même; à cette fin une petite chambre obscure, avec lucarne, pourrait être utile. Placé en pareil endroit, un éleveur d'expérience peut savoir à quel moment s'opèrent les rapports. La gestation dure de cinquante à cinquante-quatre jours; cinquante et un jours est la durée normale.

Eloignement du Mâle

Si l'éleveur tient à séparer le mâle d'avec la femelle, les enclos doivent être disposés de manière que la séparation soit faite par une clôture double ou simple, et que les autres renards n'en soupçonnent pas le but. L'exemple de quelques éleveurs, qui entrent dans l'enclos et cherchent à saisir le mâle avec des pinces ou une boîte, est condamnable en un pareil moment. Si le mâle n'est séparé que par une clôture en treillis de la femelle et des petits, il les surveillera, donnera l'alarme quand il craindra un danger. Il s'intéresse aux jeunes, et il dépose souvent sa nourriture le long de la clôture, montrant ainsi, sans doute, l'intention de la partager avec la femelle et les petits.

Pour Calmer les Mères Excitées

En général, les renards ne tuent pas délibérément leurs petits; mais, dans un accès d'énervement, ils les cachent. La femelle s'excite facilement; elle court alors au nid, sort ses petits un à un, et les enterre dans la neige ou la boue. Ceci arrive souvent; c'est la grande peur des éleveurs, au printemps. Il est difficile de savoir quels moyens prendre pour y remédier: l'observation des précautions susmentionnées est le parti le plus sage. Les expédients indiqués dans le paragraphe suivant ont donné de bons résultats.

On devrait tenir sous la main une manne de poulets ou de lapins; et, quand une mère s'épeure, jeter un poulet ou un lapin dans l'enclos pour attirer son attention et l'empêcher de cacher ses petits. Un éleveur raconte qu'il avait empêché une renarde de cacher ses petits, en jetant devant elle un œuf, d'en arrière de la clôture.

Quelques éleveurs ont la précaution de garder une chatte qui nourrit, vers le temps de la naissance des renardeaux. Si, par suite d'une raison quelconque, leur mère ne peut en prendre soin, ils sont alors confiés à la chatte qui les allaitera pendant cinq ou six semaines. A cet âge, ils peuvent eux-mêmes prendre du lait. On a trouvé des

* Voir l'annexe V.

1. Renardeaux Agés de deux Semaines
2. Renard aux Trois Quarts Noir, très Epeuré; sans Retraite pour se Cacher
3. Regardant fixement les Visiteurs
4. Renard de la Côte Nord (Qué.) au Mois d'Août

renardeaux raidis et même froids qui, enveloppés et réchauffés dans du coton et mis en nourrice avec une chatte, ont pu vivre et devenir adultes. Il est bon de garder en réserve un biberon et un compte-gouttes pour faire prendre du lait aux petits.

Renseignements aux Eleveurs

Les yeux des jeunes restent fermés pendant trois semaines; ces animaux ne sortent pas alors du nid; vers la quatrième semaine, la mère les transporte dans un endroit exposé au soleil; bientôt ils apprennent à laper et à manger. A l'âge de trois mois environ, la mère les sèvre; ils suffisent alors à leurs besoins et vivent à part.

Les renardes ne mettent bas qu'une fois par année, le nombre des petits varie entre un et neuf. La plus précoce portée connue est arrivée le 12 mars, et la plus tardive le 4 juin. Jusqu'à présent, on n'a pas d'exemple de mères ayant donné deux portées par année; on croit cependant que la chose sera bientôt possible, lorsque ces animaux auront été domestiqués.

Les meilleures autorités nous disent que les renards à l'état sauvage sont monogames. En captivité, ils sont généralement accouplés pour la vie, et il arrive souvent qu'il est impossible de les accoupler une deuxième fois; cependant on a quelquefois réussi à les accoupler chaque année. Quelques mâles couvrent plusieurs femelles pendant le même hiver. On pratique deux sortes d'accouplements. Selon un système, un mâle et deux femelles de la même portée sont mis ensemble et prennent leurs ébats dans trois enclos; d'après l'autre, trois enclos sont aussi employés, le mâle change de femelle tous les deux jours. Les accouplements multiples ne sont pas si fructueux qu'un accouplement simple.

Les renards continuent à produire pendant dix ou onze ans. Quand ils cessent après la huitième année, ils sont ordinairement tués. Ils s'accouplent pour la première fois à l'âge d'environ dix mois. Quelques éleveurs cherchent à accoupler une jeune femelle avec un mâle plus âgé qu'elle d'une année.

Hygiène et Maladies

On n'a pas constaté de maladies graves chez les renards élevés au Canada, sauf un qui manquait de jarres et qui était souffrant. Il était probablement du type que les chasseurs appellent Samson. M. R. E. Hamilton, de Grand Valley, Ontario, dit qu'il eut un renard de cette sorte; il croyait que l'animal souffrait du ver solitaire. Il le guérit en lui administrant un puissant vermifuge, se servant d'un biscuit préparé à cette fin.

Certaines personnes prétendent que parmi ces animaux quelques-uns sont attaqués de la rage et atteints de cancères aux oreilles; mais les investigations qui ont été faites n'ont relevé aucune maladie de ce genre. On a fait aussi mention de la gale; celle-ci peut exister. Les remèdes de la nature de ceux administrés aux chiens semblent avoir eu de bons résultats; ils sont généralement préparés de manière à être appliqués facilement.

L'extrait qui suit, tiré d'une lettre de la *Spratt's Patent, Ltd.*, fabricants de biscuits et de médicaments pour les chiens, renferme quelques renseignements utiles aux éleveurs:

> " Dans notre brochure sur l'élevage des chiens, vous trouverez des chapitres qui traitent de toutes les maladies mentionnées en votre lettre. Si les renards sont sujets à pareilles maladies, il y a des précautions spéciales à prendre. Non seulement ce sont des animaux sauvages, mais ils vivent sans doute sur des terrains artificiels ou naturels; et l'on sait qu'un animal qui souffre d'ophthalmie, demande des soins spéciaux.
>
> " Il en est ainsi de la gale, si elle n'est pas traitée immédiatement, les autres la contracteront bientôt.
>
> " Entre l'âge de quatre à six semaines, les dents de lait sont remplacées par des permanentes; il est bon alors de leur donner des os, car cela hâte la chute des dents de lait. Quelquefois elles sont solidement enchâssées dans les gencives; il faut alors les arracher avec des pinces. Si la tête de l'animal est enflée, nous vous conseillons fortement d'examiner sa bouche, d'extraire les dents de lait, surtout les canines ou dents de l'œil."

Le Dr Alexandre Ross, de Charlottetown, jadis d'Alberton, île du Prince-Edouard, qui s'est beaucoup occupé de maladies d'animaux et de leur traitement, et qui, pendant plusieurs années, a soigné des renards dans beaucoup d'enclos situés dans le territoire d'Alberton, a écrit pour ce rapport l'article suivant sur les maladies des renards et leur traitement:

" Les renards élevés en captivité sont plus exposés à contracter des maladies que ceux qui vivent en liberté. Dans leur réclusion, ils sont privés de choses qu'ils recherchent à l'état sauvage, dès qu'ils se sentent indisposés; ils manquent aussi d'exercice, et leurs muscles ne sont guère développés; les os des genoux sont mal formés (rachitiques), j'attribue cela au manque d'osséine et d'exercice. Quoiqu'il en soit, pendant mes quinze années d'expérience, j'ai trouvé que les colonies de renards de l'île du Prince-Edouard sont remarquablement exemptes de maladies.

" Un petit nombre sont rachitiques: il faut attribuer cela au genre de nourriture qui leur est fournie. Ils ne souffrent pas de ce mal, quand les éleveurs savent les soigner. Lorsqu'on les élève uniquement pour la fourrure, et que leur constitution physique est négligée, ils sont exposés au rachitisme. Le phosphate de chaux, l'eau de chaux, ou l'huile de foie de morue, sont d'utiles préventifs, au début de la maladie; il faut aussi de l'air pur et du soleil en abondance.

Désordres Intestinaux

" Les renards élevés en captivité sont sujets à des désordres intestinaux dont la cause est une alimentation mal comprise. Je signale quelques-uns des désordres des organes digestifs, leurs remèdes et leur médication:

" *Diarrhée.*—Si elle est sérieuse, purger avec de l'huile de ricin et quelques gouttes de'ssence de térébenthine; donner 10 à 12 grains de bismuth toutes les deux heures, jusqu'à ce que l'animal soit soulagé. Si cette diarrhée persiste, répéter l'huile de ricin à doses plus faibles. Quant à l'alimentation, supprimer les viandes et les remplacer par du lait, des biscuits et des œufs. Aucune nourriture ne doit demeurer dans les vaisseaux au-delà de quelques heures; ceux-ci devront être ensuite lavés à l'eau bouillante.

" *Constipation.*—Les renards ne sont pas sujets à cette maladie; elle peut être évitée par une bonne alimentation; une dose de cascara produit de bons effets; si nécessaire, administrer une injection d'eau de savon.

" *Vers.*—Les jeunes sont souvent malades des vers; il m'est arrivé de trouver le tube intestinal rempli de vers. Cet état peut causer des convulsions. Faire jeûner pendant huit ou dix heures et faire prendre une dose d'huile de ricin et quelques gouttes d'essence de térébenthine; donner aussi de la santonine—un tiers de grain pour un petit de six semaines. Répéter le traitement tous les deux jours, jusqu'à ce que le malade soit guéri.

" *Indigestion.*—Elle peut causer des convulsions chez les jeunes; ils refuseront de manger; leurs poils perdent leur éclat; toute activité disparaît; si les remèdes ne sont pas administrés promptement, c'est la mort à bref délai. Administrer de l'huile de ricin et de la térébenthine, et nourrir légèrement; séparer les malades d'avec les autres.

" Je n'ai jamais constaté de maladie dans leurs organes respiratoires.

" Aucune épidémie n'a sévi parmi les renards de l'île du Prince-Edouard. On a signalé quelques cas de morts subites chez les adultes; quelques instants avant, ces renards paraissaient pleins de santé, et, quelques heures plus tard, le gardien les trouvaient inanimés. J'ai fait l'autopsie de trois ou quatre de ces sujets, mais je n'ai jamais pu découvrir la cause de la mort. Une fois j'ai trouvé des traces de congestion des poumons, mais celle-ci était survenue après décès. Dans un autre cas, la vésicule du fiel était anormalement gonflée. J'ai constaté des marques rouges dans le tube digestif. Je suis d'opinion que la mort avait pour cause un poison quelconque—la ptomaïne. J'ai trouvé chez un de ces animaux un fluide gélatineux, entre cuir et chair, dans les pattes postérieures.

" Lorsque les jeunes jettent leurs dents de lait—habituellement à l'âge de trois mois—il se forme quelquefois des abcès à la racine des crocs et le museau se dilate; il faut alors extraire les dents qui branlent et donner de grands os à ronger, pour qu'en les mâchant, ces animaux puissent faire tomber les dents cariées et prévenir les abcès.

" *Puces et Parasites.*—Baigner le renard dans une solution de créoline pour le débarrasser de ces parasites.

" *Opérations Chirurgicales.*—J'ai pratiqué sur les renards plus d'opérations chirurgicales que de traitements médicaux. Ils se brisent souvent les jarrets en jouant ou en grimpant le long des clôtures; ces fractures sont généralement composées et nécessitent l'amputation du membre. On opère en rejetant la chair en arrière, et l'on enlève l'os qui fait saillie; on dresse la blessure en faisant usage d'antiseptiques, et l'on ramène les chairs sur les os en les attachant au moyen de points de couture; le tout est humecté d'iodoforme, enveloppé de gaze et bandé avec du taffetas agglutiné. Le renard ne touche pas au bandage imprégné d'iodoforme. L'opération est simple, point n'est besoin d'anesthésique, car ce procédé est toujours dangereux; on ne craint pas la perte de sang, car aucune artère n'est liée.

" Quand il n'y a pas de fracture composée, on clisse le membre avec des aiguillettes de bois léger, tel que l'érable. On doit bander le clissage avec du taffetas agglutiné ou du fil d'archal; le poil suffit pour le remplissage; humecter le bandage d'iodoforme, afin d'empêcher l'animal de l'arracher. En hiver, il faut prendre les précautions voulues pour empêcher la jambe de geler.

" C'est seulement par expérience que l'on apprend à nourrir ces animaux d'une manière rationnelle. Il faut, de temps à autre, mettre de l'herbe, de la verdure et du sable dans les enclos; car la santé de ces animaux demande quelque chose de ce genre. Il faut que leur cabane soit tenue proprement et lavée, une ou deux fois par année, à l'eau chaude mélangée de deux drachmes de créoline par chopine. Un éleveur baigne les jeunes qui viennent de naître dans une solution de créoline, afin de les protéger contre les puces et la vermine.

"En général, il vaut mieux prendre, à l'égard de ces animaux les mesures hygiéniques voulues, avant la maladie, que de les y exposer en les laissant vivre dans la malpropreté et des enclos étroits."

Maladies Dangereuses des Renards

En 1912, les éleveurs de l'île du Prince-Edouard étaient sous l'impression que les renards bleus, importés de l'Alaska, avaient répandu parmi leurs congénères de l'île une maladie parasitique contagieuse. Une éminente autorité des Etats-Unis avait fourni des renseignements à la Commission de la Conservation, portant qu'une telle maladie existait, et qu'elle serait fatale à l'élevage des renards, si elle devait les atteindre; mais nous ne possédons que peu de détails à ce sujet. Une lettre demandant des renseignements fut adressée à M. George M. Bowers, commissaire des Pêcheries, au département du Commerce et du Travail, chargé de la conservation des renards et des phoques, en certains endroits de l'Alaska. Il répondit ce qui suit, à la date du 25 novembre 1912:

> "Le Bureau n'a reçu aucune information sur l'existence d'une maladie parasitique quelconque en certains endroits de l'Alaska. Les maladies fatales, autant qu'on le sache, ont été si rares qu'il ne vaut pas la peine d'en faire mention. La cause de la mort de quelques renards doit être attribuée plutôt à la mauvaise nutrition, à l'empoisonnement accidentel et à la tuberculose, qu'à une épidémie."

Capture des Renards Evadés

Comme on l'a déjà dit, il n'est pas difficile de capturer les renards évadés; s'ils n'ont pas franchi la clôture extérieure, ils reviennent d'eux-mêmes à leur enclos, par la porte laissée ouverte; s'ils se sont échappés au large, sur des bancs de neige, ils retournent quand ils sont pressés par la faim. On peut les ramener par les allées, en ouvrant une des extrémités et en fermant l'autre avec du treillis métallique. Quelquefois on se sert de boîtes-pièges ou de pièges en acier, dont les mâchoires sont enveloppées de mousseline, pour éviter la blessure des jambes; une poule ou un lapin vivant, constitue aussi un bon appât. Ce dernier stratagème est un des meilleurs, si le renard a gagné les bois, car il est très probable qu'il ne s'est pas éloigné de l'enclos.

Le droit de possession d'un renard évadé et repris est sujet à discussion: plusieurs soutiennent qu'un renard au large est propriété commune, mais que, si le propriétaire peut identifier soit l'animal soit la peau, il peut en recouvrer la possession.

Marquage pour l'Identification

Les éleveurs se sont sérieusement occupés du marquage, en vue de l'identification. Une plaque en aluminium, numérotée et passée dans l'oreille, visible à une grande distance, est souvent employée; on a essayé aussi le tatouage des dents. Ne pas marquer la peau est certainement un désavantage. Une méthode, qui n'a pas encore été essayée, consisterait à marquer le numéro ou les initiales du propriétaire en un endroit de la peau qui n'a pas de valeur. Il suffirait alors d'enregistrer cette marque, et ainsi l'identification de l'animal vivant ou de la peau ne créérait aucune difficulté. Une telle marque, si elle peut être employée, ne serait pas découverte par les voleurs; elle aurait en outre l'avantage de permettre l'identification sur le marché.

Comment les Prendre et les Manier

Prendre et manier les renards dans leurs enclos n'est pas une tâche difficile. Les éleveurs d'expérience les prennent et les manient sans gants, mais l'éleveur ordinaire se sert d'une paire de pinces dont les mâchoires, une fois fermées, sont écartées de deux pouces et demi. Pour capturer le fermées, sont distantes de deux pouces et demi. Pour capturer le renard, on l'enferme dans son nid, et là on le saisit par le cou avec les pinces. L'éleveur peut ensuite l'emporter dans ses bras, sans crainte d'être mordu. On se sert parfois d'une boîte, suffisamment grande pour y loger l'animal; à chaque extrémité est une trappe ou porte à coulisse. On l'applique ouverte à une extrémité, sur le passage d'entrée à la cabane; on chasse le renard de son nid, et il y entre, la trappe tombe, il est prisonnier. Si cette boîte est faite en treillis, il est alors facile d'examiner la fourrure de près. Cependant, un renard peut refuser d'entrer dans une telle boîte, à moins qu'elle ne soit recouverte d'un voile quelconque pour en cacher la vue.

Quand on veut opérer le transport des renards à distance, il faut les enfermer dans des boîtes doublées en treillis métallique, afin que ces animaux ne puissent pas ronger les parois et s'évader. Ils peuvent se passer d'eau et de nourriture pendant quelques jours; mais on leur donne généralement des biscuits à l'eau, et l'on place en leurs cages des bidons d'eau attachés à l'intérieur. Les employés des messageries sont tenues de les nourrir, si on leur fournit ce qui est nécessaire.

Quand on introduit, pour la première fois, les renards dans leurs enclos, il est préférable de les sortir de leurs cages, en y perçant de petites ouvertures à l'extrémité appliquée contre l'entrée de la cabane. Ils entrent alors dans leurs nids, et en sortent quelque temps après; l'éleveur est maintenant hors de vue. Les renards cherchent rarement alors à grimper contre la clôture. Si les enclos sont placés en des lieux déserts, les renards, même les plus sauvages, ne chercheront pas à s'évader, pourvu que le gardien soit prudent et les curieux tenus à distance.

Abatage pour la Fourrure

Au cours des années 1910, 1911 et 1912, on n'a abattu, dans l'île du Prince-Edouard, que quelques vieux renards, ou ceux qu'il fallait éliminer. Une peau de renard est de saison en novembre, mais elle pèse alors moins qu'en décembre. Dans l'île du Prince-Edouard, on n'abat les renards qu'à la dernière semaine de décembre. On dit que la peau d'un renard de huit mois est aussi grande et pleine que celle d'un renard plus âgé. Cependant, quelques éleveurs disent que c'est à l'âge de dix-huit mois qu'il est préférable d'abattre ces animaux.

Lorsque le renard est jeune, son pelage est moins argenté qu'il le sera quelques années plus tard; et c'est ce qui fait actuellement l'avantage du marché, car les peaux des renards argentés sont plus nombreuses que celles des renards à pelage noir fin. Il va de soi qu'il ne faudrait pas tuer un renard avant d'avoir attentivement examiné sa livrée; si celle-ci est légère et mince, et l'animal très jeune, il vaut mieux laisser l'animal vivre une autre année, afin que son état puisse s'améliorer, si possible.

Il importe de prévenir tout dommage à la fourrure pendant les mois qui précèdent l'abatage. Il ne faudrait pas laisser l'animal se coucher dans des lieux humides, de crainte que les jarres de sa fourrure soient endommagés par la gelée ou la neige. Les couloirs où passent ces animaux devraient être grands et lisses. Pour empêcher ces animaux de se gratter et d'arracher le poil des hanches et des épaules, il est nécessaire de les débarrasser de leurs parasites.

On dit qu'une quantité abondante d'aliments nutritifs et laxatifs, tels que mélasse, aliments brevetés, orge et avoine bouillis, engraisse le renard et augmente le lustre de son pelage. On a constaté que les peaux, qui ont obtenu les plus hauts prix sur le marché, étaient celles de renards dont les côtes étaient recouvertes d'un quart de pouce de graisse. Cette assertion renverse une opinion courante, mais inexacte, d'après laquelle la maigreur rend le poil plus long et améliore la livrée.

On tue les renards en brisant les parois du thorax. L'animal est couché sur le côté; l'exécuteur appuie la semelle de sa chaussure sur les pattes antérieures; il tire alors le corps de toute sa force. Quelques-uns leur enfoncent la tête jusqu'à rupture du cou. Il faut, en tout cas, choisir un endroit et un mode d'exécution qui n'endommagent en rien la fourrure, le sang détruit le lustre, et ternit surtout le poil argenté.

Il semble, vu les renseignements que l'on possède, que l'on pourrait employer des moyens d'exécution plus humains, sans porter atteinte à la fourrure, en se servant, par exemple, de chloroforme ou d'éther. A cette fin, on pourrait préparer une boîte, dans l'un des coins supérieurs de laquelle serait fixée une légère couche de coton; il suffirait alors, pour exécuter l'occupant, de laisser tomber quelques gouttes de chloroforme sur le coton, par une ouverture pratiquée à cet effet. Aussitôt mort, l'animal doit être enlevé de sa boîte. Vu la valeur de ces animaux, les éleveurs devraient se construire une chambre ordinaire d'exécution.

Les poisons dont on peut faire usage sont: le cyanique de potasse, l'acide prussique, la strychnine et l'arsenic blanc. Une très faible quantité de cyanique ou d'acide prussique tue un renard instantanément. Mais, ces ingrédients étant d'un caractère extrêmement vénéneux, il est dangereux de les garder sous la main, s'ils ne sont pas enfermés en lieu sûr. La strychnine et l'arsenic blanc ne tuent pas instantanément, et, si un autre animal mange de la viande empoisonnée ainsi, il s'empoisonne à son tour.

L'écorchement en boîte, décrit plus loin, est en usage.* Les seules pièces qui soient difficiles à écorcher sont les pattes antérieures et la queue. Les premières deviennent rigides et dures en peu de temps, et l'on devrait mettre la fourrure en dessus après un jour ou deux. Si l'os de la queue n'est pas entièrement enlevé, celle-ci peut être fendue du côté inférieur. Les peaux sont vendues, fourrure en dessus, cousues dans la mousseline et emballées à plat dans des caisses.

Comment Distinguer une Peau de Renard Argenté

Les qualités d'une peau dépendent en partie de son degré de maturité, de la manière d'exécuter l'animal, de l'écorchement, du séchage et de l'expédition. Une peau peut être bleue ou sans éclat, spongieuse quand les hanches et les épaules sont usées et le poil épars, sale, déhanchée, mâchée, échauffée ou graisseuse. En pareil état, elle perd beaucoup de sa valeur.

On peut juger de la valeur d'une peau d'un animal vivant par les qualités suivantes:

* Voir page 112.

Couleur.—Noir luisant sur le cou, et partout où il n'y a pas de poils argentés. Le noir doit être d'une nuance bleuâtre, plutôt que rougeâtre, sur toutes les parties du corps, et le duvet foncé. Le pelage des renards argentés et noirs est couleur ardoise sur la peau.

Poils Argentés.—Lignes gris argenté—elles ne sont pas blanches ni très définies. Les peaux les plus estimées sont celles dont les pointes argentées sont répandues sur toutes les parties. Le cou et la tête devraient être noir fin. On n'aime pas les flocons qui ressemblent à des touffes de poils blanchâtres.

Lustre.—Il faut que le brillant soit apparent; cette qualité est un signe de santé chez l'animal, révèle la finesse de son pelage et les caractères de l'hérédité. Les bois et l'humidité contribuent aussi à cette importante qualité.

Poids.—Une bonne peau de renard pèse au moins une livre, le poids varie ordinairement entre dix et dix-neuf onces. C'est la longueur et l'épaisseur de la fourrure qui en font la pesanteur. Ce point est très important, car la pelleterie est plus durable et plus belle.

Grandeur.—La valeur d'une peau de renard augmente selon la grandeur.

QUESTION FINANCIERE

Les capitaux requis pour l'entretien d'un enclos où l'on élève trois ou quatre paires de renards exigent l'organisation de compagnies ou la réunion de plusieurs associés qui disposent de l'argent et de l'emplacement nécessaires. Au cours de l'automne de 1912, une somme d'au moins $50,000 a été dépensée pour construire et équiper un enclos dans l'île du Prince-Edouard et y placer cinq couples de renards de première qualité. Plusieurs enclos ont été établis plus économiquement, mais les animaux qu'ils renfermaient étaient ou de qualité inférieure, ou importés de Terre-Neuve, ou bien des options avaient été prises sur des petits, livrables vers ce temps.

Options sur les Reproducteurs

Vu la demande extraordinaire de reproducteurs que reçoivent les éleveurs, ceux-ci ont pris l'habitude de vendre des options sur les portées futures, et 10 pour cent du prix convenu sont payés quand ces options sont prises. Le temps de la livraison des sujets est le point essentiel de l'achat; si le vendeur n'a pas assez de sujets pour en fournir à toutes les demandes, il les remplit par ordre de dates. Si la livraison promise ne peut être effectuée, le contrat de vente stipule que l'argent déposé sera remboursé plus l'intérêt de 6 pour cent par année. En 1912, il s'est vendu plus d'options qu'il n'a été fourni de sujets, vu le nombre très restreint des jeunes de cette année. En ce moment (décembre 1912) un grand nombre d'options sur les nouveau-nés de 1913 ont été vendus au prix moyen de $10,000 la paire. Comme les grands éleveurs numérotent soigneusement leurs options, le premier acquéreur a l'avantage du choix sur les jeunes, quand la livraison a lieu.

Dans toutes les parties de l'Amérique du Nord, fréquentées par le renard rouge, des arrangements ont été faits avec les exploitants de bois, mineurs, missionnaires, marchands de fourrures, trappeurs, employés du gouvernement et autres, pour qu'ils livrent aux éleveurs tous les animaux sauvages capturés dans leurs localités respectives. Toutefois, l'approvisionnement de fourrures n'en souffrira pas d'une manière notable.

Vente de Sujets Reproducteurs

En 1911 et 1912, tous les renards que l'on a pu obtenir ont été vendus pour la reproduction. Le prix des premières ventes faites en 1910, ne s'élevait guère audessus de la valeur des pelleteries, c'est-à-dire, $3,000 à $4,000 la paire. En 1911, le prix monta à $5,000 et vers le temps de la mise bas, en 1912, une paire a été vendue $20,000; mais c'était un couple d'excellents reproducteurs, car quelques semaines plus tard, la mère produisit cinq petits qui furent vendus $20,000, au mois d'août. Au 1er septembre, temps de la livraison des jeunes, le prix d'une paire était de $8,000; un mois plus tard, il atteignit $11,000. En décembre 1912, on offrait $12,000 et $13,000 pour un certain nombre. Les anciens couples, bons reproducteurs, furent évalués, pendant les derniers mois de 1912 de $18,000 à $35,000 la paire.

On peut voir par là jusqu'à quel point le commerce des renards est devenu spéculatif. Beaucoup des anciens éleveurs entretiennent et encouragent le mouvement. Ils s'appuient sur le fait qu'ils se sont enrichis au cours des trois dernières années, alors que quelques-uns d'entre eux ne possédaient, il y a six ou huit ans, que quelques renards et des fermes grevées d'hypothèques. Tous, excepté trois ou quatre, ont fait des fortunes à vendre des sujets reproducteurs, et le million de dollars ou plus, sauf peut-être $200,000 rapportés par la vente de pelleteries, a été réalisé de cette manière.

Livraisons Futures

Le système actuel d'achat pour livraison future est un autre signe d'optimisme chez les acheteurs. En décembre 1912, on a acheté plusieurs des petits qui naîtront en 1913, et le prix a été partiellement payé, la livraison devant s'effectuer dans la première semaine de septembre 1913. La différence entre l'achat de renards avant la naissance et l'agiotage sur les blés de mai ou le coton d'octobre est plus apparente que réelle.

Délire de Possession

On comprend que le développement si extraordinaire d'une telle industrie ait bouleversé les paisibles cultivateurs de l'île du Prince-Edouard. Avec le produit de l'hypothèque de leurs terres ils achètent des parts dans l'industrie de l'élevage des renards argentés, ou achètent des renards nouvellement croisés, des renards rouges, des renards bleus, des visons et d'autres animaux à fourrures, sur lesquels ils espèrent réaliser de grands profits. Les banques accusent le retrait d'un grand nombre de dépôts qui sont placés en d'autres entreprises; les avocats de la petite ville de Summerside, île du Prince-Edouard, ont enregistré environ $300,000 d'hypothèques sur fermes, en 1912. Ces prospères insulaires ont même retiré une grande partie de leurs dépôts de la caisse d'épargne.

Wesley Frost, consul des Etats-Unis à Charlottetown, écrivait à son gouvernement, en décembre 1912, les réflexions suivantes sur la fièvre des achats de parts dans l'industrie de l'élevage des renards:

> " Pour juger de la solidité de la position actuelle de l'industrie de l'élevage des renards, sur l'île du Prince-Edouard, il faut se rappeler que les habitants sont des gens très modérés; ce sont des cultivateurs écossais et anglais, intelligents et instruits, possédant à leur crédit autant de fonds que n'importe quel autre groupe de ce genre du monde civilisé..............
>
> " Il est vrai qu'un grand nombre de citoyens marquants de l'île refusent de prendre aucune part à ce délire. On considère que toute grande vente qui s'opère n'a pour cause que le désir de se débarrasser de ce qui sera un fardeau, quand viendra la débâcle. Les placements actuels semblent être une attrayante spéculation—mais les éléments spéculatifs sont trop apparents déjà. Tout en admettant la plus grande partie de ce qui est avancé par les éleveurs, les sceptiques craignent que l'industrie ménage des surprises à ses promoteurs, lorsqu'il s'agira de revenir au commerce de la pelleterie."

Le Pour et le Contre

Quelques personnes sont d'opinion que ce délire ressemble à celui du lièvre belge en Amérique et à celui de la tulipe en Europe, qui sont tombés et ont causé la ruine d'un grand nombre. On prétend que la fourrure du renard est de qualité inférieure; que celle du renard argenté n'a jamais été achetée en grandes quantités et que, si la production vient à augmenter, elle n'aura pas plus de valeur que celle du lapin; que les placements rapportent ordinairement de 2 à 10 pour cent et que, en conséquence, les énormes profits réalisés pendant l'année 1912 étaient anormaux. D'autres disent que cette passion pour l'industrie de l'élevage du renard a pour cause l'exagération des prix payés pour cette fourrure. Ils affirment que plusieurs des peaux n'ont pas rapporté plus de $50 ou $100 chacune, et que beaucoup de renards, gardés en captivité, n'ont pas plus de valeur que les renards rouges. Ils ajoutent que l'on a déjà rempli les commandes de renard argenté, et que la noblesse russe et quelques familles européennes sont les seules qui payent des prix aussi élevés. On prétend encore que le lustre du pelage des renards élevés en captivité est loin de valoir celui des animaux vivant en liberté.

D'un autre côté, on a dit que le nombre des renards argentés sauvages de valeur capturés diminue, que la demande de pelleteries naturelles de haut prix augmente rapidement; qu'il n'y a que quelques centaines de renards argentés en captivité, et qu'il y a amplement de temps pour rajuster les valeurs, avant que l'on n'en ait élevé un nombre suffisant pour justifier la vente pour la fourrure. On fait valoir aussi le fait que la domestication des animaux à fourrures a été prédite et essayée depuis des siècles, et que ceux qui y sont parvenus ont droit à une récompense de leurs efforts. On dit en outre que, aussi longtemps que la fourrure a une telle valeur, les animaux ne seront vendus que moyennant des prix fabuleux; qu'il est prouvé que leur fourrure est supérieure sous tous les rapports à celle des renards sauvages, et que les meilleurs renards n'ont pas encore été vendus et que leurs prix seront supérieurs à ceux d'aujourd'hui, c'est-à-dire à £580. De plus, les meilleurs clients sont les millionnaires et non la noblesse.

On ne saurait exprimer qu'une opinion générale sur les raisons qui ont été alléguées. Quelques-uns des points sont discutés ailleurs dans ce rapport, notamment ceux concernant les prix payés pour les fourrures des animaux élevés en captivité, en comparaison de ceux des fourrures des animaux sauvages; la diminution du nombre des animaux sauvages, et l'excellente qualité de la fourrure des animaux élevés en captivité en comparaison de celle des animaux sauvages.

On a déjà discuté l'augmentation et les causes de la demande; il ne reste plus beaucoup à dire sur ce sujet. Il se peut que le renard argenté devienne plus à la mode qu'en ce moment, et que la demande s'accroisse, mais personne ne peut prédire quels seront les caprices de la mode. Il convient aussi de se rappeler que la zibeline de Russie, le chinchilla, la loutre marine et le phoque ne paraîtront pas sur le marché, pendant plusieurs années: c'est ce qui explique que la demande de fourrure de renards argentés est susceptible d'augmentation.

Il sera aussi impossible d'imiter la couleur argent foncé des jarres dont la peau est piquetée. La fourrure qui s'y rapproche le plus est celle du renard allemand teinte et tachetée; c'est une peau de renard rouge ordinaire passée à la teinture, et dans laqulle ont été cousus ou collés des poils blancs de blaireau ou d'autres animaux. Il est facile de la distinguer de celle du renard argenté; elle n'obtient que peu de faveur, et son prix ne dépasse pas la moyenne; elle ne saurait être comparée à celle du renard argenté. La bande argentée d'une peau naturelle n'est pas blanche, mais de couleur argent, et toute la peau a un lustre que ne possède pas le produit teint. La teinture a l'inconvénient de rendre la fourrure moins durable.

On est forcé de reconnaître la véracité de la déclaration portant qu'une grande partie des sujets reproducteurs sont de qualité inférieure. Bien que l'on n'ait pu obtenir de données sur les prix des pelleteries à bas prix, il est très probable qu'au moins 30 pour cent des peaux de renards argentés se vendent entre $50 et $500. A prendre les chiffres actuels, il est probable que 30 pour cent de plus seraient évalués entre $500 et $1,000, et que les 40 pour cent qui restent rapporteraient de $1,000 à $4,000 chacune. Pouvoir reconnaître une fourrure commune à première vue est essentiel dans l'état actuel des affaires; car les marchands décorent de renard argenté tout ce qui lui ressemble, peu importe la qualité, et ordinairement l'examen de l'animal se fait à distance et à la hâte. En outre, les ventes ont lieu dans une saison où la fourrure n'est pas en son meilleur.

Si le nombre des renards sauvages ne diminue pas à mesure qu'un pays se peuple d'habitants, rien ne prouve qu'il augmente. On sait, néanmoins, que ces animaux se font plus rares dans les régions désertes.

L'industrie a déjà donné de grands profits; mais, à part la considération individuelle, le dividende sur l'argent engagé n'est pas une considération majeure. Au point de vue social et économique, il faut surtout savoir comment élever les renards de haute qualité. L'étude vaut une invention; mais, comme elle ne peut être brevetée, les voisins des inventeurs sont devenus les promoteurs d'une nouvelle méthode de produire un article commercial. On ne peut bâtir en quelques mois de grandes manufactures de fabrication de ce produit pour répondre à la demande; il ne reste donc qu'à seconder la loi naturelle de la multiplication des renards, laquelle ne saurait excéder 100 pour cent par année. C'est seulement après plusieurs années que le nombre répondra à la demande. Si l'on peut persuader au public, qui y engage son avoir, que les profits futurs sont assurés, c'est naturel qu'il réclamera sur les parts des compagnies d'éleveurs de renards une prime aussi forte que faire se peut.

La prédilection des nobles de Russie et des autres pays, pour les fourrures de valeur, telles que celles des renards argentés, des loutres marines, et des zibelines, est plutôt de l'imagination. L'histoire courante, qui veut que la pointe des poils supérieurs des renards argentés soit dorée, est du nouveau pour tous les fourreurs qui ont été interrogés; et cependant ces gens achètent depuis des années des fourrures en Europe et en Amérique. L'histoire des fourrures royales de Russie est née du fait que certaines zibelines et autres fourrures de prix étaient jadis données en tribut à la royauté. L'hermine a le privilège d'être une fourrure royale; elle est demandée pour les couronnements et les cérémonies de cour. Toutefois, on sait que cette soi-disant hermine, lors du couronnement du roi Georges V, n'était pas autre chose que du lapin. Les dames qui suivent la mode sont les personnes qui font le plus grand usage de renard argenté: elles la réclament sous forme de doublures, d'étoles et de manchons.

Nombre des Renards en Captivité

Par suite du transport des renards à de nouveaux enclos en septembre, octobre et novembre, quand cette investigation était en cours, il n'a pas été possible de connaître le nombre exact des renards argentés. Le tableau qui suit donne le chiffre approximatif du nombre de ceux qui étaient élevés dans des enclos en octobre 1912:

RENARDS EN CAPTIVITÉ AU CANADA, 1912

	Argentés	Croisés	Bâtards et Rouges	No. des Enclos
Ile du Prince-Edouard	650	150	1,000	200
Nouvelle-Ecosse	32	30	150	13
Nouveau-Brunswick	30	10	50	8
Québec	40	10	50	6
Ontario	30	40	150	14
Autres provinces et territoires...	18	10	50	
	800	250	1,450	241

L'industrie du renard argenté est centralisée dans les localités suivantes: Alberton, Summerside, Charlottetown et Montague, dans l'île du Prince-Edouard; Port Elgin, au Nouveau-Brunswick; Piastre Baie, sur la côte nord du golfe St-Laurent; la ville de Québec; Wyoming, Ontario. Le nombre des renards élevés à quelques milles de chacune de ces localités est de: 300 à Alberton; 200 à Summerside; 100 à Charlottetown; 25 à Montague; 25 à Port Elgin; 20 dans la ville de Québec; 20 à Piastre Baie; 12 à Wyoming, Ontario; 18 à Carcross, Yukon. A Dover, Me., Etats-Unis, il y a un enclos de renards argentés, et un autre au New Hampshire. On dit qu'il en existe un autre à la rivière Copper, Alaska. La Russie n'en a pas.

L'Augmentation du Nombre

Puisque, dans l'état actuel de l'élevage, les renards argentés augmentent approximativement de 100 pour cent par année, il semble évident que les prix actuels payés pour les sujets de reproduction devront baisser jusqu'à la valeur de la peau avant longtemps. Les prix des animaux de qualité inférieure et les spécimens de fourrure médiocre tomberont les premiers. Il est probable que ces sujets communs seront employés pour accoupler les renards rouges et les bâtards, et que, vers l'année 1916, ils produiront un grand nombre d'argentés, mais qui n'auront cependant qu'une faible valeur.

Valeur Finale des Renards Argentés

Quant aux nombreux on dit que le renard argenté n'aura pas plus de valeur que le lapin, s'il est produit en si grand nombre, il ne vaut pas la peine de s'y arrêter, car la production ne sera jamais suffisamment forte pour empêcher tout profit. Londres importe chaque année plus de 80,000,000 de peaux, et l'Australie en emploie des milliers par semaine pour les besoins de ses manufactures de feutre. On a essayé d'obtenir l'opinion de fourreurs de profession sur la valeur finale des pelleteries de renards, quand elles seront produites en aussi grand nombre que celles des renards rouges. Tous sont convaincus que la fourrure du renard argenté, vu sa grande beauté et sa fine couleur, aura trois fois plus de valeur que celle du renard rouge, car les fourrures noires sont si rares à l'état naturel. A ce propos, il faut se rappeler que tous les renards argentés en captivité sont abattus, quand la fourrure est dans toute sa beauté, et que celle-ci est traitée avec soin, et que, comparativement au prix actuels payés pour les peaux des renards rouges du nord-est du Canada, les meilleures de ces fourrures se vendent de $40 à $80. Mais il s'écoulera un grand nombre d'années avant que la production des renards argentés atteigne le nombre même des meilleurs renards rouges vendus chaque année. Selon E. Brass, le nombre total des peaux de renards communs serait d'environ 1,337,000. En supposant que le prix tombe à $30, un cultivateur qui élèverait aussi d'autres animaux concurremment avec des renards, ferait encore de bons profits à vendre des peaux de renards. En plusieurs endroits, la nourriture d'un renard ne revient pas à plus de $5 par année, et il ne serait pas plus difficile de soigner dix renards que vingt bêtes à cornes. Si les clôtures des terrains d'élevage sont plus coûteuses, les terrains et les cabanes ne demandent pas grand capital. En outre, le renard reproduit rapidement et devient adulte à l'âge de huit mois.

Vu que l'on n'a jamais produit des renards argentés en grand nombre, il a été impossible aux fourreurs de garder assez de pelleteries pour en justifier l'annonce et en faire une vente spéciale. Il a même été difficile de trouver deux peaux assorties à une vente. Grâce au nouvel état de choses, lorsque des milliers de pelleteries se vendront saison après saison, l'assortiment sera facile, et les grands magasins de fourrures pourront se procurer une assez grande quantité de peaux de renards argentés pour donner du relief à cette marchandise.

Organisations parmi les Producteurs

Les éleveurs ont maintenant l'avantage de former de puissantes associations coopératives, en vue de protéger et de promouvoir l'industrie. Grâce à une telle organisation, les fraudes seront dévoilées, des registres d'élevage tenus, les maraudeurs arrêtés et poursuivis, des règlements formulés, les produits annoncés et les transactions étudiées. La publication de rapports inexacts et chimériques par les promoteurs de compagnies par actions nuit aussi à l'avenir de l'industrie.

Il y a deux moyens principaux d'assurer une meilleure protection contre les voleurs d'animaux. Premièrement, l'amélioration des lois provinciales, en augmentant l'amende imposée aux gens qui, en dépit de la défense franchissent les limites des terrains d'élevage.* Secondement, la révision du code criminel en ce sens que la clôture extérieure d'un terrain d'élevage soit aux yeux de la loi, mise en parrallèle avec les murs d'une grange ou d'une habitation, et qu'en conséquence quiconque la franchit est coupable de vol et s'expose à être pris au moyen de pièges ou autrement. De pareilles modifications pourraient être apportées, si elles sont présentées aux législateurs par une puissante organisation.

* Voir annexe V.

Vu l'emmêlement des diverses lignées de renards, il est difficile d'obtenir des données dignes de foi sur ces animaux. Tout ce que l'on peut enregistrer, ce sont les prix payés pour les peaux de leurs ancêtres, et certains autres traits caractéristiques, tels que la fécondité, la finesse, la pesanteur et les dimensions de ces fourrures. Des organisations provinciales solidement constituées pourraient enregistrer tous les faits concernant les résultats obtenus par l'élevage et les croisements. Ces associations provinciales s'entendraient avec le ministère fédéral de l'Agriculture quant à l'enregistrement de ces données.

La quarantaine est une autre question dont la nécessité peut s'imposer en tout temps. Si une maladie à l'état d'épidémie se répandait en une région quelconque, le ministère fédéral de l'Agriculture pourrait, sur la demande d'une forte organisation d'éleveurs, ordonner une quarantaine.

Tout le problème de la protection des animaux sauvages et de la possibilité de les propager en captivité, sont de grandes questions qui demandent une attention plus sérieuse que celle qui leur a été accordée dans le passé. Une association des Fourreurs et des Eleveurs d'animaux à fourrures du Dominion, constituée sur une base se rapprochant de celle de l'Association Forestière Canadienne, serait de nature à promouvoir et à répandre un haut intérêt en faveur de ces animaux. Il conviendrait de fonder tout d'abord des associations provinciales.

Si l'on créait une organisation nationale et permanente, il importerait qu'elle fût composée de représentants du commerce des pelleteries, de l'élevage des animaux à fourrures, de gardes-chasse, de commissaires de la chasse, et d'experts du gouvernement.

RENARDS DES REGIONS POLAIRES OU ARCTIQUES

(*Vulpes lagopus*)

Les renards des régions polaires se trouvent dans les hautes latitudes. Ils ont deux colorations distinctes: le blanc et le bleu; cette dernière n'est en réalité que le gris ardoise. En été, la livrée du renard blanc est brune avec duvet marron. Celle du renard bleu est gris ardoise, toute l'année; ce type habite de préférence la partie méridionale de la zone que parcourent ces animaux. On dit qu'il s'en trouve aussi au Greenland et en Islande. Il se vend chaque année environ dix fois moins de peaux de renards bleus que de peaux de renards blancs; mais leur prix excède plusieurs fois celui de ces dernières. Actuellement, une peau de renard bleu se vend entre $20 et $75; celles de première qualité commandent même un plus haut prix.

Plusieurs renards bleus ont été importés au Canada pendant la saison de 1912. On apporté d'Alaska aux Provinces Maritimes une centaine de ces carnassiers; il est très difficile de les nourrir maintenant dans les régions du nord, depuis qu'il est défendu de faire la chasse aux phoques. Un envoi de trente-deux a supporté sans encombre la longueur du voyage; les éleveurs les ont achetés au prix d'environ $800 la paire. On ne sait pas si ces animaux s'accommodent bien de leur nouveau pays.

Elevage des Renards Bleus

Le compte rendu qui suit, sur l'élevage du renard bleu, est un extrait de la brochure "Fur Farming for Profit", publiée par la Fur News Publishing Co., de New-York.

"Depuis quelques années, on a réussi à élever les renards bleus, en grand nombre, sur plusieurs îles au large de la côte de l'Alaska. Sur la terre-ferme les essais n'ont pas été aussi heureux. Le renard bleu vit et se multiplie en captivité; il se prête mieux à l'élevage que les autres membres de la famille des renards; ses mœurs sont plus douces et plus paisibles. Une île constitue un excellent terrain d'élevage: pas de dépenses de clôture; la mer ne se couvrant pas de glace l'hiver, le renard ne peut s'évader; d'autres animaux ne peuvent venir le déranger dans sa retraite; et, en outre de la nourriture qu'il trouve dans l'île, la mer lui jette sur la côte, de temps à autre, des mollusques et du poisson. Plusieurs de ces îles sont maintenant occupées par les éleveurs de renards bleus; mais il en reste encore d'autres que le gouvernement des Etats-Unis affermeraient à bon compte. Sur la terre-ferme, on peut entourer d'une clôture un terrain de 50 pieds sur 50 pieds; si l'on veut élever plusieurs couples, il est toujours facile de disposer d'autres terrains de la superficie susdite et de les grouper côte à côte.

"Les renards bleus ne mettent bas qu'une fois par année; le temps du rut a lieu vers le 1er février et les jeunes voient le jour vers la fin de mai; une portée compte généralement sept. On leur prépare des tanières artificielles ou des retraites, dans lesquelles ces animaux peuvent se cacher à volonté.

"L'alimentation du renard bleu se compose de poisson frais, séché et mariné, de crabes, de viande fraîche que fournissent des fermes du voisinage, de gateaux de maïs préparés avec un mélange de farine de maïs et d'un hachis de poisson séché, de viande, de suif et de poisson à l'huile.

"Il importe de fournir à ces animaux une nourriture abondante du premier juillet au mois d'août; car, à cette époque les parents s'occupent des jeunes et demandent une alimentation plus forte qu'en d'autres temps.

« Le prix d'une peau de renard bleu est d'environ $30; mais quand la fourrure est de choix, sous le rapport de la couleur et de la préparation, elle dépasse même ce chiffre.

« On peut acheter des reproducteurs de ceux qui élèvent des renards bleus sur les îles, au prix d'environ $200 la paire.

« Le secrétaire du Commerce et du Travail peut affermer, pour fin de propagation des renards, des îles dans les eaux de l'Alaska, à l'exception du groupe de Pribilof, aux mêmes conditions que celles qui ont été affermées par le secrétaire du Trésor, avant le mois de mai 1898. Le fermage de chacune d'elles, a rapporté $100 par année."

Le renard bleu est meilleur grimpeur que le rouge; le treillis de rebord devrait être de 36 pouces de large; par ailleurs, les enclos sont construits tels que ceux des renards rouges.

Taux de l'Augmentation

Le taux de l'augmentation du nombre des renards bleus, dit Ernest Thompson Seton, est un bon indice de l'accroissement de celui des renards rouges. D'après lui, « l'île St-George a une superficie d'environ 36 milles carrés; elle renferme 270 paires de renards, et, bien que ces animaux soient nourris et protégés, et les portées de 5 à 12, on ne peut en vendre plus de 400 à 500 par année, sans en amoindrir le nombre." Les chiffres sont justes en ce qui regarde l'augmentation annuelle du renard argenté, nonobstant les déclarations de quelques éleveurs qui portent la moyenne de l'accroissement de 200 à 300 pour cent annuellement.

Le major général A. W. Greely, en son manuel sur l'Alaska, publié en 1909 écrit ce qui suit:

Données Additionnelles

« L'exploitation irréfléchie a grandement réduit la productivité des animaux à fourrures des îles Aleutiennes, ainsi que celle de l'intérieur de l'Alaska. La crainte de voir s'accomplir, à bref délai, l'extermination des renards, a motivé la formation de la « Semidi Propagation Company », dont l'objet est la domestication et l'élevage des renards sur des îles inhabitées. Le premier terrain d'élevage était situé au nord de l'île Semidi; les reproducteurs y furent amenés du groupe Pribilof. De l'île Semidi, l'industrie s'est implantée sur plus de trente autres îles situées à l'est, dont la plus grande partie se trouve dans le détroit de Prince William, bien qu'il y en ait sept dans le groupe Kadiak. La plupart de ces îles sont occupées moyennant bail passé avec les Etats-Unis; la loi défend d'y établir des *homesteads*. La compagnie et plusieurs particuliers ont continué l'industrie qui n'a donné que des profits modiques. Il faut à cette industrie des capitaux considérables, et attendre quatre années, avant d'en retirer aucun revenu; le séjour en cette région est des plus isolés; les peaux ne rapportent guère plus de $10 à $20 pièce, selon la qualité et la demande. Quelques indigènes font l'élevage du renard, tout en s'occupant de pêche, de culture agricole et d'exploitation forestière.

"Sur l'île Long, près de Kadiak, on compte environ 1,000 renards bleus en captivité. Cependant, c'est du groupe Pribilof que l'on retire le plus grand nombre de peaux; les indigènes en rapportent chaque année près de 700, en plus des peaux de phoques. Ces renards ne sont pas domestiqués.

"Le renard gris argenté, si renommé, est trop sauvage pour être retenu en captivité, c'est pourquoi l'élevage des renards est presque totalement réduit au renard bleu. Le renard est monogame, et, sur une portée, quatre atteignent généralement l'âge adulte. Il est nécessaire de nourrir ces animaux pendant une grande partie de l'année, et l'on ne peut espérer du succès sans y exercer une grande vigilance.

"Le renard bleu vit à l'état sauvage sur l'île Attu, la plus avancée vers l'est. C'est avec des sujets pris en cette île que l'on a peuplé plusieurs des îles Shumagin, Chernabura, Simeon, etc. L'entreprise n'a donné que des profits modiques. L'extension et le développement de cette industrie est nécessaire aux Aleuts pour leur permettre de vivre sous le nouveau régime introduit dans l'Alaska."

ELEVEURS DE RENARDS BLEUS EN ALASKA*

Ile	Localité	Nom de l'Eleveur	Adresse Postale
Little Naked...	Détroit Pr. William	Walter Story.........	C/o Alaska Packers Assoc., San Francisco, Cal.
" ..	"	Olaf Carlson.........	....
" ..	"	Louis Carlson........	....
" ..	"	Fred Lilyogren.......	Ellamar, Alaska.
Big Naked.....	"	James McPherson....	" "
"	"	Edward Elk.........	" "
Fairmount.....	"	William Byers.......	" "
Bligh........	"	Pres. Cloudman......	" "
"	"	William Busby.......	" "
Goose.........	"	George Donaldson....	" "
"	"	Louis Thorstensen....	" "
Greene.........	"	Peterson & Brower...	" "
Long..........	"	George Fleming......	" "
Gage........	"	George Fleming......	" "
Pond..........	"	A. W. Lind..........	" "
Smiths.........	"	James Bettles........	" "
Squirrel...	"	John L. Johnson......	Orca, Alaska.
Perry..........	"	Kendall & Stering....	Ellamar, Alaska.
Small, près de Perry.......	"	Christ Christensen...	" "
Glacier	"	Peter Jackson........	" "
Une île (sans nom)......	Baie Resurrection..	Alfred Law..........	" "
Yukon.........	Baie Kachemak....	A. R. Ritchie........	Homer, Alaska.
Cape Elizabeth	....	M. F. Wright........	Seattle, Wash.
Yukawak......	Sud-ouest de Kadiak..........	Semidi Propagating Co................	Kadiak, Alaska.
North Semidi..	"	"	" "
South Semidi..	"	"	" "
Chernobour....	Près de Unga.......	"	" "
Little Konuishi	"	"	" "
Simeonof.......	"	"	" "
Marmot.......	"	"	" "
Whale.........	Près de Kadiak.....	"	" "
Adronica.......	Près de Unga.......	W. L. Washburn...... (Administrateur)	San Francisco, Cal.
Long..........	Près de Kadiak.....	Semidi Propagating Co................	Kadiak, Alaska.
Pearl..........	Près de Cap Eliz...	Alaska Fox Co.......	" "
Dry...........	Près de Kadiak.....	Semidi Propagating Co................	" "
Samalga.......	Ouest de Unalaska..	Inoccupée	
Peak..........	Détroit Pr. William	McPherson & Elk....	Ellamar, Alaska.

*** Du rapport du Ministère de l'Intérieur des E.-U., section des Terres Publiques, documents de la Chambre, 58ème Congrès, 2ème Session.**

Deux petites îles voisines du détroit de Prince of Wales sont maintenant inoccupées. Les suivantes sont aussi inoccupées.

L'article qui suit: "The Blue Foxes of the Pribilof Islands", écrit par James Judge, fournit de nouvelles données sur l'élevage du renard bleu.

Le Renard Bleu des Iles Pribilof

"Les îles Pribilof offrent aux renards qui les habitent plusieurs avantages naturels. Les innombrables grottes et galeries souterraines leur assurent la meilleure protection possible, contre les éléments ou leurs ennemis naturels. D'un autre côté, les oiseaux, les phoques et les lions de mer, y compris ce qui peut être rejété par la mer sur la grève, constituent pour ces animaux une alimentation qu'ils trouveraient rarement ailleurs. Actuellement, il n'existe presque plus de renards sur les îles St-Paul et Otter. On ne les a conservés sur l'île St-George qu'au moyen d'une alimentation artificielle, adoptée depuis plusieurs années. Cet article ne traite que des renards élevés sur l'île St-George.

Ancienne Source de Nourriture

"Autrefois, le nombre annuel de phoques, que l'on massacrait sur l'île St-George, était de 20,000 à 25,000; on y abattait, aussi des centaines de lions de mer chaque année. Après que les indigènes s'étaient approvisionnés de ce qui leur fallait pour leurs besoins, le reste de ces énormes quantités de viande était laissé à l'endroit où ces animaux avaient été assommés. Pendant les longs mois, de septembre à mai, ces champs de phoques et de lions de mer fournissaient aux renards de quoi vivre, quand ceux-ci ne pouvaient se procurer rien de meilleur. Fréquemment, des baleines mortes, des morses, des lions de mer, ou des poissons, étaient rejetés sur le rivage. Quand cette bonne fortune leur arrivait, les renards abondonnaient les champs de carnage, mais pour y revenir lorsque cette manne était finie. Tels étaient pratiquement les moyens de subsistance pour les renards sur l'île St-George, pendant la possesssion du pays par la Russie, jusqu'en 1890. Au cours de cette longue période, les animaux de l'île étaient abandonnés à eux-mêmes. Seuls les indigènes leur donnaient la chasse, pendant un ou deux mois, lorsque la peau était de saison.

Approvisionnement Actuel de Nourriture

"Pendant l'été de 1896, j'ai fait saler 500 dépouilles de phoques par les indigènes; cette viande fut conservée dans un vieux silo dont se servait autrefois la compagnie qui faisait la chasse aux phoques. L'hiver suivant, cette viande fut sortie, désalée et jetée dehors pour servir de pâture aux renards. Tout le monde de l'île fut surpris de voir avec quelle rapidité ces animaux apprirent qu'on leur sortait de quoi manger chaque jour à une certaine heure, et en quel nombre ils se rendaient à la curée. En attendant le moment du repas, ils rôdaient autour du village, dévorant tout ce qui était mangeable et même plusieurs choses immangeables. Lorsque le temps était froid et clair, leur nombre était encore plus considérable.

"Depuis lors, toute la viande, qui ne servait pas à la nourriture des indigènes, a été salée deux ou trois jours après la tuerie, et donnée aux renards, l'hiver suivant. Quand on la retire du silo, elle est à moitié corrompue, la plus grande partie de la saumure ayant coulé; mais les renards la préfèrent au bœuf frais, au mouton, ou au poisson. Sauf trois saisons, le nombre de phoques capturés ne s'est élevé qu'à 2,500; et, vu que la moitié de la viande était consommée par les indigènes, il a fallu suppléer au montant que recevait les renards.

"Des milliers d'oiseaux se donnent rendez-vous en ces îles pour y passer le printemps et l'été. C'est alors que les renards font ripailles. Ces oiseaux sont innombrables; et, au commencement de la saison, plusieurs meurent de blessures ou d'accidents; ils deviennent alors, naturellement, la proie des carnassiers. Pendant le mois de mai des centaines de petits pinguins, en venant de la mer et en y retournant, donnent contre le fil de téléphone et se tuent ou se blessent. Dès qu'ils touchent le sol, les renards s'en saisissent. Au début de la saison, ces animaux dévorent les oiseaux en entier, mais, à mesure qu'ils deviennent gavés, ils se contentent de croquer les têtes. Maître renard se régale d'œufs d'oiseaux. Les guillemots et autres grands oiseaux déposent leurs œufs sur les rebords des rochers. Rien de plus surprenant que de voir un renard grimper jusqu'à ces endroits presque inaccessibles, saisir un œuf, l'emporter à ses petits et revenir peu de temps après.

"Vers le 1er septembre, les oiseaux ont presque tous quitté les îles. La mortalité est rare parmi les phoques et les freux, et la mer se montre avare de ses hôtes; en conséquence, les renards sont réduits à chercher leur pitance ailleurs.

"Pendant une saison, on a servi aux renards des repas de bouillie de maïs ou de son; ces animaux ne refusaient pas ce genre de nourriture, mais celle-ci ne semblait pas leur être profitable. Le poisson séché fut mis à l'essai et trouvé excellent, et l'on a servi du poisson pendant ces deux dernières années. Le sel est fatal aux renards; c'est pourquoi il faut avoir soin de désaler toute nourriture marinée avant de la leur servir.

"La tuerie des phoques commence en juin, et, comme les dépouilles sont abandonnées sur le sol, elle constituent une bonne source d'alimentation. Il appert, cependant, qu'en cette saison les œufs et la chair d'oiseaux sont préférés à la viande de phoque, car on trouve des plumes et des coquilles d'œufs le long des sentiers et à l'entrée de chaque terrier. Quand les oiseaux émigrent l'automne, les renards se rendent sur le rivage, à la recherche de nourriture que la mer peut y avoir laissée; ils fouillent particulièrement les retraites des phoques, s'efforcent de trouver les jeunes qui ont péri, pour lesquels ils ont une prédilection marquée et qu'ils emportent à leurs petits.

"Bien que les animaux fassent entrer dans leur alimentation beaucoup d'herbage et d'autres végétaux terrestres et marins il est évident qu'ils ne peuvent longtemps subsister sans y ajouter de la chair d'animaux.

Conditions Actuelles

"L'année 1890 peut être considérée comme une ère nouvelle dans l'histoire du renard des îles Pribilof, y compris, naturellement, St-George. Vers ce temps, ou bientôt après, on remarquait partout une grande rareté de renards, et les agents du gouvernement alors en charge de ces animaux, attribuèrent à tort cette diminution à l'abus de la chasse au piège qu'ils défendirent durant trois années différentes après 1890, et le résultat fut que, pendant les sept années qui précédèrent 1897, la prise totale ne s'est élevée qu'à 2,198. La cause réelle était due au manque de nourriture substantielle du genre dont les renards avaient l'habitude d'être pourvus, mais le fait ne fut pas alors compris, ou du moins, aucune mesure ne fut prise pour y suppléer.

"La destruction des phoques sur l'océan, par des chasseurs marins, en avait tellement décimé le nombre que dans l'île St-George, en 1890, la capture n'a été que de 6,139 au lieu de 25,000 qu'elle était régulièrement avant cette date. En 1891, 1892 et 1893, à cause du *modus vivendi,* le nombre des phoques tués sur l'île ne fut que de 2,500. Le lion de mer de l'île avait été aussi considérablement dépeuplé, de sorte que l'on n'a tué que peu de ces animaux, ce qui a fourni qu'une faible quantité de viande aux renards.

"L'automne, lorsque les oiseaux avaient quitté ces parages, les renards parcouraient les plages comme autrefois pour y chercher leur nourriture, mais cette source ayant disparu, et pressés par la faim, ils se rendaient sur les endroits où avaient été laissées des dépouilles de phoques, sûrs d'y trouver quelque chose, mais leur attente était bientôt déçue. Le peu de viande de phoque qui restait ne durait pas longtemps. Ils étaient condamnés à mourrir de faim, et, ceux qui succombaient étaient bientôt dévorés par les suivants.

Chasse Moderne au Piège

"Tout en distribuant aux renards la nourriture ordinaire, on a fait des expériences de captures dans de petites cages-trappes. Cette méthode a donné de bons résultats dès le début, car les renards n'hésitaient pas à y entrer pour manger l'appât; quelquefois, même, avant la détente du rsesort, deux renards étaient entrés, bien que la trappe n'eût été tendue que pour un seul. Les renards venaient en si grand nombre qu'il aurait fallu 50 cages-trappes pour les loger. Ce voyant, on conçut l'idée de bâtir une cabane-trappe. On construisit donc un enclos grossier ou cabane-trappe de 8 pieds par 14 pieds, près du hangar à charbon. On y plaça comme appât trois ou quatre carcasses de phoques. Les renards y entraient sans hésiter, et bientôt on pouvait en compter 40 ou plus à l'intérieur. L'homme qui faisait fonctionner la trappe se tenaient dans le hangar à charbon et laissait tomber la porte en tirant sur une corde, emprisonnant ainsi les renards. Plus tard, une trappe en treillis métallique ou cage, mesurant 14 pieds x 10 x 8 fut installée à l'une des extrémités d'une cabane construite exclusivement pour la capture des renards. Cette cabane est divisée en trois pièces, dans la plus grande est placée une cuve pour désaler la viande ou le poisson. Les autres chambres servent à capturer et à examiner les renards. La cage touche à la pièce aux pièges. Toute la nourriture que l'on donne aux renards est déposée dans la cage, dont la porte reste toujours ouverte. Semaine après semaine, avant le temps de capturer les renards, ceux-ci entrent dans cette trappe pour y prendre de la nourriture, et naturellement sans défiance.

"Quand arrive le temps de les prendre, la nourriture est, comme d'habitude, placée dans la trappe et 8 ou 10 hommes se rendent à la cabane. La porte de la cage est ajustée, et l'homme qui la fait fonctionner se tient dans la pièce-trappe où il épie ce qui se passe dans la cage; lorsqu'il y a un nombre suffisant de renards dans la cage, il ferme la porte en tirant sur une petite corde. Alors il entre dans la cage et chasse les animaux dans la pièce-trappe où se trouvent des hommes, les mains protégées par de fortes mitaines de cuir, ils saisissent les renards et les passent un à un à d'autres hommes qui attendent dans la pièce d'examen.

"Lorsqu'il il y a un grand nombre de renards dans la pièce-trappe; ils passent entre les jambes des hommes qui essaient de les saisir; ils grimpent sur eux et sautent de leurs épaules, mais les mordent rarement, sauf lorsqu'ils sont capturés. Quand les renards ont une bonne prise sur la main d'un homme, ils la tiennent avec la tenacité des bouledogues, jusqu'à ce qu'on leur ouvre les mâchoires. Ils semblent se rendre compte de leur impuissance à mordre à travers les mitaines ,et à part quelques-uns, on les manie facilement. Le major Clark rapporte que l'année dernière, il en a vu un qui se laissa prendre dans les bras de l'un des naturels sans se débattre du tout et semblait jouir des caresses qu'il recevait.

Choix des Reproducteurs

" L'agent du gouvernement se tient dans la pièce réservée aux examens, et lorsqu'un renard a été examiné, il décide si l'on doit le tuer ou le marquer et le classer au nombre des reproducteurs. L'examinateur base sa décision sur la couleur, la qualité de la fourrure, l'âge, la longueur du poil et la pesanteur de l'animal vivant. Tous les renards blancs, chétifs, ceux qui n'ont pas belle couleur, les infirmes, ceux qui ont la queue écourtée, qui sont physiquement en mauvais état, qui souffrent de la gale ou qui, pour d'autres causes sont impropres à la reproduction, sont immédiatement tués. Tous les animaux qui sont relâchés pour la reproduction doivent être physiquement sains, de bonne couleur, et être jeunes ou dans l'époque de la vigueur; les mâles doivent peser au moins 10 livres et les femelles, au moins 7½ livres.

" L'âge est déterminé au moyen d'un examen des dents, fait en ouvrant la bouche de l'animal au moyen d'un léger bâillon.

" Pour peser l'animal vivant, on lui passe une courroie de deux pouces de largeur en nœud coulant autour de la queue, et l'autre bout de la courroie est attaché à une balance à ressort suspendue au plafond de la pièce. Quand l'animal reste immobile, on lit sa pesanteur et on l'inscrit.

" Si l'animal est désigné pour la reproduction, on lui taille avec les sciseaux une marque ronde dans la fourrure de la queue, on le fait passer ensuite à travers un conduit, et il recouvre sa liberté. Les mâles sont marqués près de l'extrémité de la queue et les femelles près de la croupe. Les quatre cinquièmes environ de ceux qui sont relâchés pour la reproduction sont repris une seconde fois, et quelques-uns dix fois ou plus, au cours d'une saison. Récemment, M. Chichester installa plusieurs trappes automatiques en plus des trappes ordinaires et elles ont donné un bon résultat.

" Lorsqu'il faut tuer l'animal, celui qui a cette charge lui renverse la tête en arrière jusqu'à rupture du cou. L'animal mort est ensuite jeté dans la chambre voisine où d'autres hommes enlèvent la peau. Cette opération consiste à passer un couteau bien tranchant en remontant le long des pattes du côté du corps, et en descendant jusqu'au bout de la queue; on enlève ensuite la peau en la tirant à l'envers, afin que le poil se trouve en dedans. Après que le nombre des reproducteurs est atteint, on tue tous les renards non marqués qui entrent dans la trappe. Le travail des trappeurs se fait la nuit, à la lumière des lanternes. Le lendemain les peaux sont nettoyées et étendues sur des moules pour sécher. Plus tard on les fouette et on les peigne; puis l'été suivant, elles sont mises en barils et expédiées à Londres.

"Les peaux sont de saison du 15 novembre au 15 janvier, approximativement. Vers cette date la fourrure commence à changer de couleur et à muer.

"Ainsi que nous l'avons dit, on reconnaît l'âge des animaux par l'examen des dents. On n'a pas la prétention dans cet ouvrage de fournir des données d'une précision absolue. L'examen des dents d'une centaine ou plus de renards morts, des deux sexes, a indiqué que les animaux peuvent se diviser en trois classes; et c'est d'après cette classification que l'on a fait plus tard le recensement annuel. La première comprend les renards âgés d'un an ou approximativement; la deuxième, ceux d'un âge moyen, ou de deux ou trois ans; la troisième, ceux qui ont plus de trois ans. On distingue facilement les jeunes d'avec les vieux, mais dans les âges moyens il est plus difficile de voir la différence. Il est douteux que les renards de l'île St-George vivent plus de cinq années.

Contenu de l'Estomac

"Après avoir examiné 334 estomacs, on a constaté que 64 ne contenaient que de la viande de phoque et 100 autres une partie. Naturellement, cette viande avait été prise dans les trappes où ces animaux allaient manger. Le contenu de 17 estomacs variait en pesanteur de 14 à 20 onces. Ces animaux ont été capturés en mangeant et l'on ne peut établir la quantité qu'ils auraient encore prise en plus s'ils n'avaient pas été dérangés. Quand l'estomac est vide, il pèse de 1½ à 2 onces; mais son pouvoir de distension pour la consommation des aliments est étonnant. On pourrait douter qu'un animal, gavé de tant de viande, pût manger le jour suivant, mais on sait que certains renards, qui vivent à proximité d'un village, s'y rendent tous les jours, en quête de nourriture.

"Dans 88 estomacs, on a trouvé de l'herbe, dans 57 des plumes, dans 12 des panets sauvages, dans 8 des arêtes de poissons, dans 28 des os d'oiseaux ou de phoques, dans 22 de la saleté ou du sable, dans 66, des tuniciers, dans 4 des œufs de mer et dans 8 des poils de renards. Sept estomacs ne contenaient que de l'eau et 14 étaient vides.

Contenu des Intestins

"La longueur des intestins varie de 6½ à 10 pieds, il n'y a, sous ce rapport, aucune différence quant aux sexes. L'examen des intestins de 240 renards tués par les trappeurs, a donné pour résultat que 62 contenaient de l'herbe, 20 de la plume, 16 des panets sauvages et 5 des tuniciers. Aucune de ces matières ne subit de changement chimique apparent dans l'estomac, ni dans les intestins; et l'on peut les reconnaître lors de l'évacuation, dans les excréments. Ces petits tuniciers circulaires sont avalés sans être mastiqués et passent sans être digérés. Dans 24 intestins, l'on a trouvé de la saleté; dans 11, des graviers; dans 12, des os; dans 10, des poils de renards. Deux variétés de vers intestinaux ont été trouvées dans les intestins de 26 de ces animaux. Les spécimens envoyés au docteur Stiles ont été reconnus comme étant d'une catégorie particulière aux animaux domestiques, mais qui ne causent pas grands dommages. En général, tous ces animaux, sans distinction d'âge ni de sexe, avaient des vers. A l'exception des poux dans la fourrure, ces vers étaient les seuls parasites que l'on ait trouvés.

Particularités Physiques

"Le poids de 198 mâles vivants, épargnés pour la reproduction, était de 10 à 12 livres par tête. De ce nombre, 180 pesaient entre 10 et 13½ livres.

"Le poids de 225 femelles vivantes variait de 7½ à 11½ livres. De ce nombre, 18 pesaient moins de 8 livres, et 13 plus de 10¼ livres. Sur 180 mâles tués, 101 pesaient au plus 10 livres, et 17 des autres plus de 13 livres; le plus lourd atteignait 19½ livres.

"Sur 86 femelles tuées, 55 pesaient 8 livres ou moins, et 9, 11 livres et plus. Le poids de la plus lourde femelle tuée était de 13½ livres et celui de la moins lourde 4½ livres.

"La longueur moyenne de 180 peaux de mâles, séchées et préparées pour l'expédition, atteignait 30 pouces et une fraction chacune; la largeur moyenne 11 pouces et une fraction; la longueur moyenne de la queue, 11 pouces et une fraction.

"Lorsque l'on compare les peaux de mâles et de femelles, placées côte à côte, la fourrure des premières est généralement considérée supérieure à celle des secondes. Ordinairement, la fourrure des mâles de deux ou trois ans l'emporte sur toute autre.

"En supposant que les animaux des deux sexes soient de nombre égal à la naissance, mon expérience me porte à tirer la conclusion que les mâles sont plus vigoureux et plus aptes que les femelles à survivre à la rigueur du climat ou à d'autres difficultés.

Elevage

" Sauf quelques exceptions, j'ai remarqué que les renards ne s'accouplent qu'en mars et au commencement d'avril. Le 17 mai est la plus précoce mise bas que j'aie notée, et le 6 juin la plus tardive. J'ai vu en tout 22 portées de renards nouveau-nés. La plus nombreuse se composait de 11 petits et la moins nombreuse en comptait 5. Trois portées contenaient chacune un renardeau blanc; dans trois portées respectives on a trouvé 2 renardeaux morts, et dans six, un mort par portée. Ces faits ont été remarqués peu après la naissance des petits dont quelques-uns n'étaient pas encore secs. Dans aucun de ces cas, la mère n'avait fait de préparatifs, mais avait mis bas dans une légère dépression du sol. Ma présence inquiétait chacune des mères, qui emportait immédiatement ses petits, morts et vivants, dans un endroit souterrain des environs. Le mâle n'était présent à aucune de ces naissances. Je suis porté à croire que la mère met toujours bas sur la surface du sol; et le lendemain, ou peu de temps après, elle les transporte sous terre, par mesure de protection et de sûreté.

" En général, on ne voit pas les renardeaux avant la mi-juin. Ils sont alors de bonne taille, et ils jouent ou prennent la nourriture que leur apportent leurs parents, à la porte de leur terrier. Lorsque les renardeaux jouent ainsi ou qu'ils mangent, un ou quelquefois deux vieux renards se trouvent dans les environs. Quand il y en a deux, on suppose que ce sont les parents; mais, généralement, il n'y en a qu'un, probablement la mère; à l'approche de quelqu'un elle jette un cri perçant, et les petits se sauvent sous terre.

" Le nombre que j'ai remarqué à l'entrée du terrier était de 1 à 4. Le major Clark en a vu 12 au bord d'une tanière, mais il pensa qu'ils appartenaient à différentes mères. Au cours de l'été de 1906, M. Chichester voyait tous les jours, pendant plusieurs semaines, une famille de 11 que la mère avait éventuellement élevés. Je crois que cette portée était très exceptionnelle, autrement nous aurions eu à la saison de chasse beaucoup plus de renards.

" La mortalité, très nombreuse chez les jeunes, et à laquelle ils succombent peu de temps après leur naissance, peut être attribuée probablement au manque de nourriture, au froid et aux intempéries. Aussitôt que les renardeaux peuvent s'alimenter de viande, ils grandissent rapidement et, dans les circonstances ordinaires, atteignent leur maturité.

" Une fois, un habitant de la région trouva une famille de 12 petits venant d'être mis bas. Il y en avait un qu'il croyait mort, et il me l'apporta, mais le petit ne fut pas depuis 10 minutes dans la maison qu'il donna signe de vie. On le plaça sur une bouteille d'eau chaude où bientôt il se raviva et commença à crier. Madame Judge lui fit avaler du lait avec un compte-gouttes, et il s'endormit bientôt paisiblement. A son réveil, on se servit encore du compte-gouttes; il apprit à sucer un biberon fait en coton et dont l'autre bout trempait dans le lait. Il prit graduellement des forces jusqu'à l'âge de trois semaines, grâce à ce régime lacté. Il devint moins vorace, probablement parce qu'il avait pris trop de nourriture; quelquefois il refusait de manger. Il mourut à l'âge de quatre semaines. Ses yeux s'étaient ouverts le 15ème jour. Lorsque nous l'avions pris, il pesait 2¼ onces; à trois semaines, il pesait six onces.

Réduction du Nombre des Renards Blancs

" On trouve souvent des renards blancs dans une portée de renards bleus. On n'a jamais vu une portée de renards blancs. Comme les fourrures blanches ont relativement peu de valeur, on n'a pas cessé, depuis 1897, de prendre des mesures pour exterminer les renards blancs. Depuis lors, tous ceux que l'on a capturés dans la trappe ont été tués immédiatement; et, de plus, les habitants de la région ont la permission de les tuer en tout temps durant l'hiver. Le nombre total tué en 1897 s'éleva à 40, en 1898, il fut de 18, et depuis, il a varié chaque année de 6 à 12, à l'exception de l'hiver 1903-1904, où il s'éleva à 15. L'hiver dernier on a recueilli 8 peaux blanches, mais le major Clark qui était alors en charge de St-George, dit que de ce nombre, trois seulement étaient entièrement blanches, les autres étaient barrées ou tachetées bleu pâle. Pendant l'été de 1906, M. Chichester vit quelques renards dont le poil était en partie bleu et en partie blanc. Après septembre, il n'en vit qu'un; il conclut alors que leur livrée avait blanchi à l'approche de l'hiver.

Maladies

" Il y a peu de signes de maladie chez les renards de l'île. En toute saison, lorsqu'un renard meurt, on en fait l'autopsie sous la surveillance du médecin local, mais on peut rarement définir les causes de la mortalité. Le docteur Mills et moi avons trouvé un renard en convulsions, et l'examen post mortem a démontré qu'il était mort d'empoisonnement urémique. Un mourut d'hémorrhagie des rognons et un autre de la tuberculose. Nous avons trouvé ce dernier cas le 28 mai 1905. L'animal était une femelle de trois ans qui portait une marque. Elle n'avait aucune graisse et ne pesait pas plus de 4 livres. Elle avait maigri depuis sa capture, quelques mois auparavant. Des nodules tuberculeux ont été trouvés dans les deux poumons. Un sac de pus formé sur l'intestin fut la cause de la mort d'une de ces bêtes. Un autre renard avait tous les organes sains après sa mort à l'exception des rognons qui étaient atrophiés.

“ M. Chichester rapporte qu'en 1906, trois sont morts de maladies de rognons et un de tuberculose, et, en 1907, un autre est mort d'une perforation de l'estomac, causée par un ulcère. Cette même année, il en tua quatre qui souffraient de la gale et, en 1908, le major Clark en tua neuf qui étaient atteints de la même maladie.

“ Au cours de l'hiver de 1902-03 il est mort un nombre extraordinaire de renards à St-Paul, et ce fait ainsi que certains symptômes de folie remarqués par M. Lambkey, l'a porté à croire qu'une épidémie sévissait chez les renards, cette année-là.

“ Quand les renards meurent de faim il s'échappe de l'anus une matière noire.

Nombre de Peaux de Renards

“ On ne peut obtenir de données statistiques pour établir le nombre de renards capturés sur l'île St-George avant 1840. Pendant les 19 années qui se terminèrent en 1860, la capture moyenne par année à St-George a été de 1278.

“ Au cours des douze années qui se sont terminées en 1889, d'après les chiffres que nous a gracieusement fournis la *Alaska Commercial Company,* les derniers permissionnaires des droits de chasser le phoque, le rendement annuel a été de 7,074.

“ Le tableau suivant donne un résumé précis du nombre depuis que les pièges d'acier ont été abandonnés, ce qui coïncide avec l'inauguration de l'alimentation régulière.

CAPTURE DES RENARDS BLEUS

	Nombre de Trappes Tendues		Destruction de Renards Blancs	Mis en Liberte pour la Reproduction		*Capture totale
	Cabanes à Renards	Ailleurs		Mâles	Femelles	
1897-98....	11	1	346	102	324	772
1898-99....	7		386	110	389	885
1899-00....	9		418	65	498	981
1900-01....	24	7	441	204	690	1,335
1901-02....	24	9	246	202	650	1,098
1902-03....	28	21	511	250	250	1,011
1903-04....	28	21	491	284	286	1,061
1904-05....	38	37	272	244	250	766
1905-06....	43	22	481	279	302	1,062
1906-07....	36	31	380	232	270	882
1907-08....			446	267	272	1,005

* La colonne “capture totale” comprend les peaux des animaux qui, parfois sont trouvés morts.

« Pendant les trois premières années indiquées dans le tableau cidessus le travail était sous la direction des agents du gouvernement, les cinq années suivantes sous la direction des agents de la compagnie, et, de puis 1906, encore sous la direction des agents du gouvernement. L'augmentation et la diminution qui se produisent dans la vie du renard, comme l'indique le compte rendu de chasse, s'expliquent de soi, mais il est impossible d'en donner ici les détails.

Résumé

« Au cours des six premières années, il était interdit de tuer les femelles; depuis ce temps, un nombre à peu près égal de mâles et de femelles ont été remis en liberté pour les fins de la reproduction, et le reste a été tué sans égard au sexe. Au début des opérations, on avait pensé qu'en gardant toutes les femelles et un petit nombre de mâles, la polygamie deviendrait générale chez les renards, de même que chez les autres animaux domestiques. Comme les résultats n'ont pas été tels que l'on s'y attendait, on a adopté le mode de mettre en liberté un certain nombre de couples.

« On ne connaît que peu de cas de promiscuités parmi les renards; les rapports des agents du département du Commerce et du Travail n'en font pas mention. J'ai vu un seul exemple. Les différentes méthodes dont se sert M. Chichester pour marquer les mâles et les femelles démontrent que les couples de renards que l'on voit souvent jouer ensemble, le printemps, ne sont pas toujours des mâles et des femelles. Il a aussi vu une mère élever ses petits seule et sans aide. Plus tard, toutefois, il a constaté, pour la première fois, une paire de renards qui, ensemble, soignaient et gardaient la même portée de petits.

« Il est possible que quelques-unes des femelles ne s'accouplent pas ou ne sont pas susceptibles d'être fécondées, et l'on sait que d'autres avortent; ainsi, pour parer à tous ces inconvénients, il semblerait sage de garder un surplus de femelles saines et vigoureuses plutôt que d'adhérer strictement aux règlements qui sont aujourd'hui en vigueur.

« Actuellement, l'exploitation se fait par contrat, en vertu duquel la *North American Commercial Co.*, reçoit toutes les peaux, paye le travail des habitants de la région et fournit un certain montant de nourriture pour les renards, mais le soin de l'alimentation, de la chasse au piège et de la direction de l'administration des renards sont entre les mains des agents du gouvernement.

« Bien que le rendement annuel régulier en peaux de renards sur l'île St-George ait baissé plus que de moitié depuis l'adoption du nouveau système, comparativement à ce qu'il était de 1870 à 1890, ainsi qu'on l'indique ici, il est évident que le nombre des renards et le montant annuel des peaux peuvent être accrus indéfiniment.

"La preuve de l'efficacité des mesures prises en vue de préserver la vie des renards à l'île St-George c'est que, sur l'île St-Paul, où rien n'a été fait en ce sens, l'espèce est, pour ainsi dire, disparue. En somme, il est évident que la préservation des renards, et l'augmentation de leur nombre sur l'île St-George sont d'abord le fruit de la bonne alimentation, pendant huit mois chaque année; et ensuite du choix soigneux et méthodique des animaux conservés pour les fins de la reproduction."

RATON LAVEUR

(*Procyon lotor*)

LE raton laveur est un carnivore se rattachant de près à l'ours. Il pèse de 10 à 25 livres, il est d'un gris brunâtre, ayant sur le dos des poils dont le bout est noir, et des anneaux foncés à la queue; lorsqu'il est capturé jeune, il peut être facilement apprivoisé. Il ne semble pas avoir les signes caractéristiques du batailleur qui sont particuliers aux *mustelidae* et, par conséquent, pourrait probablement être gardé dans un espace boisé où se trouveraient de nombreux terriers et des arbres creux. Ses habitudes sont à peu près semblables à celles de l'ours. Il passe l'hiver en réclusion, de sorte que l'accouplement a probablement lieu en automne, et les jeunes naissent vers le 1er mai. Il se nourrit de viande de toutes sortes, de grenouilles, de maïs et de légumes. Un éleveur m'a dit qu'il n'avait donné pour nourriture à un couple que du son et les déchets de la table.

Un terrain de plusieurs acres, bien boisé et traversé par un cours d'eau, constituerait un endroit avantageux pour l'élevage du raton laveur. L'enclos devrait être fait de treillis galvanisé et tissé, fil No 14, mailles de 2 pouces, avec un rebord solide. Une feuille de tôle placée autour de la partie supérieure servirait aussi à empêcher leur fuite.

Brass porte la production annuelle de peaux à 600,000—toutes provenant d'Amérique. Les peaux des régions du nord sont de qualité supérieure et la peau No 1, large, et provenant du nord est maintenant cotée à $4.50 pièce; mais, les prix augmentent énormément. Près des grandes villes, sa viande peut aussi être vendue cinquante cents ou plus.

Si l'on pouvait capturer et élever le raton laveur dont le pelage est d'une riche couleur d'acajou, sans altérer cette coloration, et si les prix actuels se maintenaient, une industrie profitable pourrait être fondée dans la région boréale, après que l'expérience nécessaire aurait été acquise.

Le fait qu'on ne trouve les ratons laveurs que dans certaines parties du Canada ne signifie pas que l'élevage n'en pourrait pas être fait avec succès dans une région plus au nord, moyennant l'alimentation nécessaire. En général, il est plus facile de transférer un animal à fourrure dans une région plus froide que dans une contrée plus chaude.

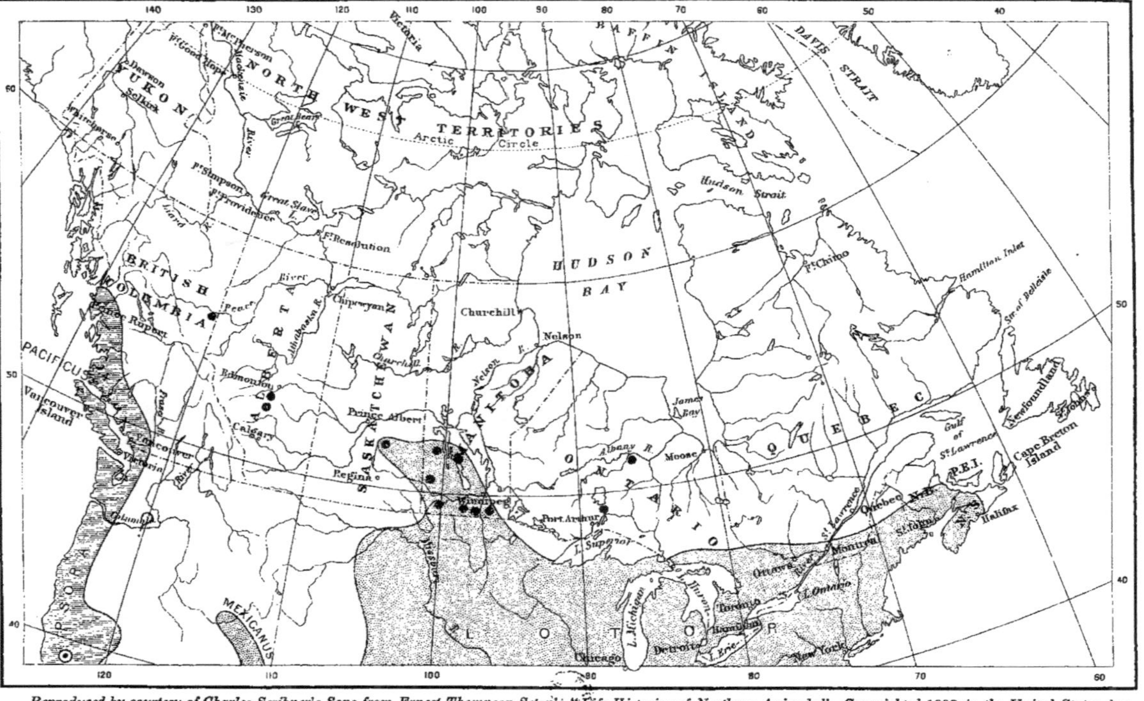

Reproduced by courtesy of Charles Scribner's Sons from Ernest Thompson Seton's "Life-Histories of Northern Animals." Copyrighted 1909 *in the United States, by Ernest Thompson Seton.*

MAP 2.—RANGE OF THE NORTH AMERICAN RACCOONS IN CANADA

This map is founded chiefly on papers by Messrs. D. G. Elliot, V. Bailey, R. MacFarlane, W. H. Osgood, C. Hart Merriam, John Richardson, R. Kennicott, L. Adams, J. Rowley, J. A. Allen, G. S. Miller, S. F. Baird, E. A. Mearns, and E. T. Seton.

In the north and east the lines are tolerably accurate, but in the Rocky Mountain and Pacific Coast regions, must be modified by future work.

Two species of Raccoon are recognized:

Procyon lotor (Linnaeus), with its 2 races.
Procyon psora Grey, with its 2 races.

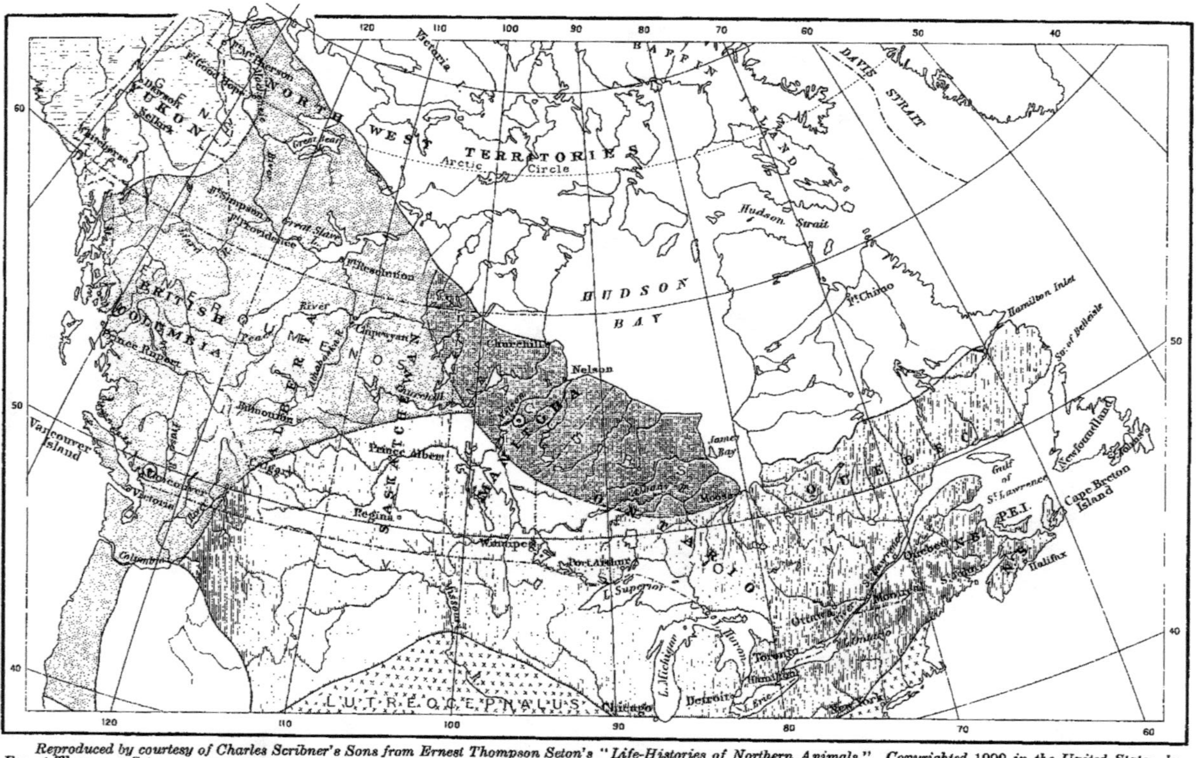

Reproduced by courtesy of Charles Scribner's Sons from Ernest Thompson Seton's "Life-Histories of Northern Animals." Copyrighted 1909 in the United States, by Ernest Thompson Seton.

MAP 3.—RANGE OF THE NORTH AMERICAN MINKS IN CANADA

The map is founded chiefly on records by J. Richardson, Audubon and Bachman, R. Kennicott, E. W. Nelson, J. Fannin, C. H. Townsend, C. Hart Merriam, O. Bangs, W. H. Osgood, E. A. Preble, S. N. Rhoads, D. G. Elliot, V. Bailey.

The following are recognized:
Putorius vison (Brisson) with 5 races.

FAMILLE DES BELETTES

(*Mustelidae*)

LA famille des belettes comprend le vison, la martre, la loutre, la fouine, le pékan, le glouton, la loutre marine, la mouffette et le blaireau dont les fourrures ont en général, une grande valeur. La zibeline russe, la loutre marine, la marte de la Baie d'Hudson, la marte noire, le pékan, la marte d'Alaska, la loutre et le vison sont les fourrures provenant des animaux ci-haut mentionnés et ces catégories commandent les plus hauts prix. Les peaux de zibeline russe sont souvent vendues $500 ou plus. En comparaison de la grandeur, ces peaux coûtent plus cher que celles des renards argentés, vu que quelques-unes des peaux de marte n'ont que huit pouces de long, sans tenir compte de la queue, qui a cinq pouces. En moyenne, la peau de la loutre marine sauvage rapporte un meilleur prix que celle du renard sauvage argenté. La marte de la Baie d'Hudson ou d'Amérique porte quelquefois une aussi belle fourrure que celle de Sibérie, mais les plus belles peaux ne se vendent pas $100. La belette canadienne ou hermine est généralement inférieure à celle de Russie, car elle a souvent une teinte jaune ou grise. Les peaux de belettes qui commandent le plus haut prix sont celles du plateau des Laurentides. Le prix des peaux de pékans a de beaucoup augmenté et l'on obtient jusqu'à $75 pour les peaux de saison. Le prix des peaux de moufettes a aussi augmenté et les plus beaux spécimens de peaux noires des régions boréales rapportent de $4 à $8.

S'il y avait possibilité de domestiquer la marte, le pékan, la loutre, le vison et la moufette ou, en d'autres termes, la famille des *mustelidae,* il est évident que l'on trouverait un marché pour écouler les peaux vertes, ce qui rapporterait au-delà de dix millions de dollars annuellement. Les fourrures américaines produisent de vingt-cinq à cinquante millions de dollars, et la famille d'animaux à fourrures plus haut citée, ainsi que la marte de Sibérie répondraient à une grande partie des demandes de fourrures de prix—probablement à plus de cinquante pour cent. Un fait remarquable à ce sujet, c'est que la station expérimentale d'élevage des animaux à fourrures qui vient d'être établie aux Etats-Unis choisira cette famille d'animaux pour faire ses premières expériences. La marte et le vison seront coisis, car on les considère les plus désirables sous le rapport de la domestication.

VISON

(*Putorius Vison*)

Il y en a deux espèces bien connues qui se ressemblent beaucoup, le vison d'Europe ou loutre des marais d'Europe (*P. lutreola*) et le vison d'Amérique (*P. vison*). Ce dernier a pour domaine la grande partie de l'Amérique du Nord. Le plus beau et le plus foncé est le petit vison que l'on trouve dans la province de Québec et sur la péninsule de Ungava. Malgré qu'ils vivent une grande partie du temps sur l'eau et qu'ils habitent près des cours d'eau, ils peuvent vivre sur la terre, éloignés de l'eau, et l'on en a même vu dans les arbres.

La pelleterie est épaisse et douce et les jarres sont raides et lustrés. Ils sont plus foncés au bas du dos et à la queue. Les teinturiers accentuent généralement les couleurs foncées au moyen d'une brosse, ou bien ils trempent le bout des poils dans la teinture.

La production annuelle du monde entier est, d'après Brass, estimée à 600,000 peaux en Amérique; 20,000 en Europe; 20,000 en Asie. La production ne semble pas diminuer, mais le prix augmente et, grâce à la durée de la fourrure, il se maintiendra élevé. Des amateurs en élevage ont vendu des peaux $13, et l'on peut obtenir $10 pour de bonnes peaux. On se fera une idée de la valeur exceptionnelle du vison de la région nord-est, lorsque l'on saura que les fourreurs de Québec, en 1911, ont vendu leurs peaux de visons à New-York $9 chacune, et ont acheté des peaux de visons de même qualité, mélangées parmi les meilleures peaux provenant de l'est des Etats-Unis à $8 chacune.

Elevage du Vison

L'élevage du vison ne s'est fait, jusqu'ici, qu'au point de vue expérimental, et les terrains d'élevage que l'on a examinés, sauf deux peut-être, ne sauraient servir de base à nos descriptions qui sont destinées à être prises à titre de modèles à suivre. Nous avons la preuve que le vison peut être gardé en captivité, et que ses petits peuvent être élevés facilement. Quant à la qualité de sa fourrure, on n'a pu recueillir que quelques données. Tous les essais d'élevage de cet animal, faits au Canada, sont trop récents et l'on n'a pas de statistiques exactes de ceux entrepris, lorsque le prix du vison était très élevé, il y a plus de trente ans. Les comptes rendus des ventes de peaux, que nous avons reçus, étaient des plus satisfaisants, et démontraient que, dans certaines circonstances, les fourrures provenant des animaux domestiqués étaient supérieures à

Parc à Visons au Lac Chaud, un Quart d'Acre en Superficie

Caverne Artificielle d'un Vison

celles des animaux sauvages. On a aussi conclu qu'il est possible d'améliorer promptement cette race, vu qu'il est facile de choisir les mâles—avantage que n'offre pas l'élevage des renards qui sont des animaux monogames. Ainsi l'on peut choisir, pour sa taille, la beauté de sa couleur et sa tranquillité, un mâle sur quatre ou cinq, et améliorer ainsi rapidement l'état de la race.

Aux Etats-Unis, les terrains d'élevage de visons se comptent par centaines, et il y en a environ 50 au Canada à l'heure actuelle. Peu d'entre eux sont très prospères, sauf, peut-être, celui de la Compagnie Zootechnique de Labelle, Ltée, dont le bureau principal est à Montréal et le terrain au Lac Chaud sur les plateaux Laurentiens de Québec. La compagnie possède un capital de $49,000. Du moment que le succès de l'élevage du vison sera assuré, on se propose de procéder de la même manière pour l'élevage de la loutre.

L'élevage du vison demande encore beaucoup d'étude et nécessitera probablement l'établissement de terrains modèles d'élevage, confiés à des éleveurs experts. D'après les renseignements qui nous ont été fournis, nous pouvons, mais un peu vaguement, décrire trois modes d'élevage:

1. Le mode naturel.—Qui consiste à donner au vison un terrain très spacieux et à ne changer en rien sa manière de vivre, si ce n'est en lui fournissant de la nourriture et au besoin des nids. Le piège est le seul mode de capture.

2. Le mode de colonie.—On garde les sujets en colonie dans une cabane et on leur ménage un passage pour se rendre à un cours d'eau.

3. Le mode des enclos.—Chaque vison est tenu dans un enclos séparé.

Le Mode Naturel

La Compagnie Zootechnique de Labelle, possède le seul terrain d'élevage de ce genre que l'on ait visité. Toutefois, un rapport peu explicite nous apprend qu'il en existe un semblable à Port Medway, N.-E. En 1911, environ deux douzaines de visons ont été placés dans le terrain indiqué sur la gravure, dont la superficie est d'environ un quart d'acre. Le nombre a augmenté de 100 pour cent en 1912. Le directeur a attribué ce faible accroissement à l'exiguité du terrain. Une autre raison possible est que l'année 1912 n'a pas été favorable aux visons ni aux renards. Il se peut aussi que les vieux animaux sauvages capturés n'aient pas aimé leur nouvelle habitation ni leurs nids artificiels. Cette dernière raison disparaîtra, surtout quand il y aura des visons élevés dans ces terrains.

Ainsi qu'on l'a dit, l'étendue totale que comprenait leur enclos d'élevage était d'un quart d'acre en 1911. On exécutait en 1912 les travaux qui devaient donner au terrain d'élevage une étendue de 2,000 pieds de longueur sur 1,500 pieds dans sa plus grande largeur. Il est évident que les succès obtenus seront en rapport avec l'augmentation de la superficie du terrain.

Il comprend une île sise dans le Lac Chaud, région inhabitée des Laurentides. Sa position est élevée, son sol rocailleux et couvert de bouleaux et d'épinettes. Le terrain est entouré d'une clôture ininterrompue, de 12 pieds de hauteur, érigée sur le roc solide du côté de la terre, et sur des piles submergées du côté de l'eau. La construction de la clôture dans l'eau offre le plus de difficulté, car la glace brise le treillis métallique au printemps. On se propose de parer à cet inconvénient au moyen d'une clôture en madriers de 3 pieds de largeur appuyés sur les piles pour protéger le treillis au temps de la débâcle. On enlèvera ces madriers au printemps. La clôture n'avance pas plus de 12 pieds dans le Lac Chaud. Pour empêcher les visons de passer sous la clôture, un large treillis de fil de fer recouvre le lit du lac à cet endroit. En vue de les empêcher de grimper, une feuille de tôle d'un pied de largeur est fixée à la clôture, à mi-hauteur. Il y a aussi un rebord de fer.

Nid de la Femelle

Les nids ont environ 20 pouces de longueur sur 20 pouces de largeur sur 6 pouces de hauteur; on les pousse dans une large boîte (à la manière d'un tiroir de commode); cette boîte est enterrée dans une butte de terre et couverte. Quand il faut examiner le nid, on la sort. Un treillis placé sur la boîte intérieure la laissera parfaitement visible. L'entrée devrait être d'un pied ou plus de longueur et trois à quatre pouces de diamètre. M. Désormeau, le directeur de l'établissement du Lac Chaud, rapporte que, lorsqu'une femelle a pris possession d'un nid nul autre vison n'y peut pénétrer,, vu qu'elle repousse ceux qui viennent à l'entrée du passage. On apporte toujours la nourriture à l'entrée où les visons l'enlèvent immédiatement de la main qui la leur présente. Dans les terrains d'élevage, il devrait y avoir un nombre de nids correspondant au nombre de femelles, et peut-être quelques-uns de plus, afin que ces animaux ne se battent pas pour la possession du nid, et qu'ils n'en préparent pas dans les terriers.

Cabane du Mâle

On construit pour le mâle de grandes grottes recouvertes de planches ou de ciment. On jette la nourriture à l'intérieur par une ouverture pratiquée dans le toit. En été, le vison trouve une partie considérable de sa nourriture dans l'eau, vu qu'une grande quantité de petits poissons peuvent passer à travers le treillis. Comme le terrain est libre, l'alimentation se compose entièrement de viande.

On ne saurait dire au juste comment la mère et les petits sont soignés au cours des mois où la mère les nourrit et les protège. M. Désormeau a l'intention de mettre les petits à part des autres chaque année, de placer les uns à une extrémité du terrain et de séparer des autres par une clôture qui traverserait l'île. Il est probable qu'à l'âge de deux mois, ou vers le 1er juillet, il serait possible d'effectuer la séparation de la mère et des petits en enlevant tout simplements ces derniers de leur boîte. Ils seront alors assez vieux pour supporter une nourriture solide, et mieux apprivoisés et de mœurs plus douces qu'en restant avec leur mère.

Ils se nourrissent presque entièrement de poissons pris dans le lac. Les autorités de Québec ont accordé la permission de prendre le poisson par toutes les méthodes possibles. On se propose de repeupler le lac au moyen d'alevins.

On calcule que six hommes peuvent s'occuper du terrain d'élevage et donner les soins voulus à un troupeau de reproducteurs composé de mille femelles, et de mâles au quart de ce nombre.

Le Mode de Colonie

Nuls terrains d'élevage de ce genre n'ont été examinés, mais on a eu des preuves de leur existence par l'entremise des propriétaires qui ne voulaient pas révéler au public les méthodes qu'ils employaient. Les promoteurs de cette méthode soutiennent indubitablement qu'ils obtiennent les meilleurs résultats, et qu'ils ont beaucoup étudié les habitudes du vison, prouvant leur assertion par leurs discussions intelligentes sur le problème de l'élevage du vison.

Ils disent que la plus grande difficulté consiste à obtenir la première portée de ces animaux sauvages et à leur trouver une nourriture appropriée. Le vison sauvage n'est pas du tout susceptible d'être domestiqué, ni même d'être domestiqué à demi. Ces animaux se tuent souvent en se pendant, se coupant la gorge ou en se frappant la tête contre un mur. La plupart se suicident ou meurent de peur à l'approche d'un chien. L'expérience de 1912 corrobore ces faits, car on a constaté qu'une grande quantité de ceux que l'on expédiait pour des fins d'élevage s'étaient donné la mort; ils étaient quelquefois horriblement coupés ou lacérés.

Si l'on enlève à la mère ses petits, le plus tôt possible—disons à l'âge de six ou sept semaines, vers le 15 juin dans l'est du Canada— ils deviennent très apprivoisés et, d'après les promoteurs de cette nouvelle méthode d'élevage, on peut, plus tard, les habituer à la vie de famille et former des colonies. Une cabane ou grande boîte peut être utilisée comme logement et une sortie ou enclos pourrait s'étendre sur le devant, touchant à une partie d'un cours d'eau.

La nourriture se compose de moineaux anglais, de grenouilles, de viande, de poisson, de pain et de lait. On donne du lait frais aux jeunes. Un moineau anglais par jour constitue la quantité de nourriture nécessaire. Comme l'accouplement se fait sans distinction, on peut tuer la majeure partie des mâles et ne garder que les plus beaux spécimens.

Le Mode de Cases Séparées

La méthode presque exclusivement en usage en Amérique pour l'élevage du vison est celle de fournir à chaque animal une petite case avec auges remplies d'eau. Les deux plus grands établissements que l'on ait visités comprenaient une grange ordinaire d'environ 30 pieds de longueur sur 20 de largeur; des ouvertures étaient aménagées sous les murs pour entretenir à l'intérieur le meilleur aérage possible. Sur chaque côté d'une allée centrale se trouvaient des cases d'environ 4 pieds de largeur sur 8 de longueur, avec boîte placée sur une petite élévation pour servir de nid; l'entrée consistait en un passage sinueux. Une eau courante ou pompée emplissait les auges à l'extrémité de chaque case. Les cloisons étaient en treillis à la partie supérieure et en planche près du plancher. Quand les murs sont en treillis, il faut un rebord pour empêcher les animaux de grimper et de s'échapper, ou bien la case peut être recouverte de treillis sur toute sa partie supérieure. Il ne faut aux visons que peu de lumière, car ils dorment le jour.

Les visons peuvent être élevés de la manière susdite, mais il est douteux que leur santé se maintienne. Dans un terrain d'élevage de la Nouvelle-Ecosse, on n'avait aucune difficulté à élever ces animaux dont les portées moyennes se composaient de trois et demi.

Les portées des jeunes variaient de deux à quatre petits et celles des reproducteurs d'âge plus avancé étaient quelquefois de six. Avec des résultats aussi satisfaisants, puisque chaque couple pouvait être vendu $40, et qu'il était facile de disposer de la nourriture nécessaire, on ne saurait comprendre pourquoi l'exploitation n'a pas prospéré. Les directeurs vendaient toujours les sujets qu'ils avaient en élevage et en capturaient d'autres plus sauvages. Ils ont aussi déclaré qu'ils ne pouvaient plus se servir de planchers de bois pour les cabanes de visons, mais qu'ils leur construiraient des cases plus spacieuses. On peut facilement conclure de là que le mode d'élevage suivi demande une amélioration quelconque.

Il semble que la nourriture qui convient au chat convient au vison. A l'enclos d'élevage de Centreville le poisson et les décets de poisson constituaient la base de l'alimentation. Les rations étaient abondante; néanmoins, comme c'est dit plus bas, il ne faut pas donner à ces animaux plus qu'ils ne peuvent manger. Les mets principaux sont le lait, les œufs, le pain, le poisson et la viande. Le moineau anglais est le mets favori des visons; on leur donne aussi des grenouilles et des anguilles vivantes. Quelquefois, un vison dévore la nourriture qui lui aura été jetée à l'eau, tandis qu'il n'y touchera pas si elle lui est servie dans son auge.

Emplacements Appropriés pour Enclos

La conclusion à tirer des ouvrages qui traitent de ce sujet est qu'il serait possible d'élever le vison dans un endroit solitaire et boisé, situé sur le bord d'un cours d'eau ou d'un étang. Les résultats que donnera la méthode adoptée au Lac Chaud, seront certainement satisfaisants au moins en partie; ce sera peut-être même une industrie fructueuse. Une clôture construite dans l'eau, pour empêcher l'évasion des visons, coûte plus cher que celle que l'on construit sur terre. C'est pourquoi, l'on ne considère pas qu'une île soit aussi avantageuse qu'un étang qui, de même qu'un lac, peut être isolé au moyen d'une clôture construite sur terre. Ainsi un petit lac, un étang, ou un cours d'eau, peut convenir comme enclos d'élevage à l'un quelconque des types plus hauts cités. Un abri pourrait être construit sur le bord d'un cours d'eau et les cases prolongées en dehors des murs jusque dans le cours d'eau. Des cases de 3 ou 4 pieds de largeur, de 5 ou 6 pieds de longueur à l'intérieur du bâtiment, mais avec longueur double à l'extérieur seraient suffisantes. Pour empêcher le creusage à travers les murs, ceux-ci, sauf la partie submergée, devraient être enfoncés en terre à une profondeur de 18 pouces. Si l'on fait l'élevage d'après la métode naturelle, il faudra deux pièces d'eau pour avoir deux terrains clos.

Il importe de faire une clôture double autour des terrains d'élevage du vison, à l'instar de ceux du renard, afin de prévenir leur évasion et de tenir au large les intrus, surtout les chiens et les autres animaux sauvages dont la senteur ou le vue semble inspirer au vison une grande crainte.

Selon la méthode naturelle d'élevage, les deux sexes se recherchent, mais lorsqu'un animal est placé dans une seule case, le gardien doit exercer beaucoup de surveillance, de la fin de février à la mi-mars.

On peut introduire le mâle par une trappe et l'enlever immédiatement lorsque les deux animaux se battent. S'ils sont paisibles, on peut laisser le mâle avec la femelle pendant deux jours. Le temps du rut dure habituellement deux semaines, et il faut exercer une surveillance constante pour empêcer la bataille, si le mâle est admis dans un temps importun. Une fois l'on coupa les dents canines d'un mâle vicieux, il devint ensuite très docile. En ayant soin de se couvrir les mains de deux paires de mitaines de laine on peut, sans crainte, manier des visons.

Le temps de la gestation dure environ six semaines. Les petits, dont les yeux ne s'ouvrent pas avant la cinquième semaine, ne doivent pas être touchés. Avant la sixième semaine, la mère les fait sortir et leur sert à manger de la nourriture solide. A l'âge de six ou sept semaines, on doit les éloigner de la mère à moins que celle-ci soit tranquille et douce. La plupart s'apprivoisent.

Conseils Pratiques sur l'Elevage des Visons

Les conseils pratiques suivants sur l'élevage du vison ont été publiés récemment sous forme de circulaires, par la Commission Biologique du Département de l'Agriculture des Etats-Unis:

(1) Pour les visons, il conviendrait de garder un mâle par cinq ou six femelles.

(2) Chaque femelle qui élève devrait avoir une case séparée. Il faut tenir le mâle à part, sauf au temps du rut. Les femelles commencent à être en chaleur vers le milieu de février. On met le mâle avec la femelle pendant une journée. La mise bas a lieu vers la mi-avril.

(3) Les femelles doivent être tenues séparées, car elles tueraient leurs petits mutuellement. Le mâle les étranglerait également s'il en avait l'avantage.

(4) *Alimentation*: La meilleure alimentation habituelle des visons se compose de pain avec du lait doux, de bouillie de maïs avec du lait ou des miettes de viande. Il faudrait leur donner de la viande ou du poisson, en général, deux fois par semaine. La viande peut être de qualité bien inférieure. Les ustensiles devront être tenus proprement. Ne donner au vison que la quantité de nourriture qu'il peut prendre par repas; ne faire qu'une seule distribution par jour, sauf p ur les femelles qui ont des nourrissons; servir deux repas à celles-ci. Approvisionner régulièrement les animaux d'eau fraîche. Ne pas saler leur nourriture.

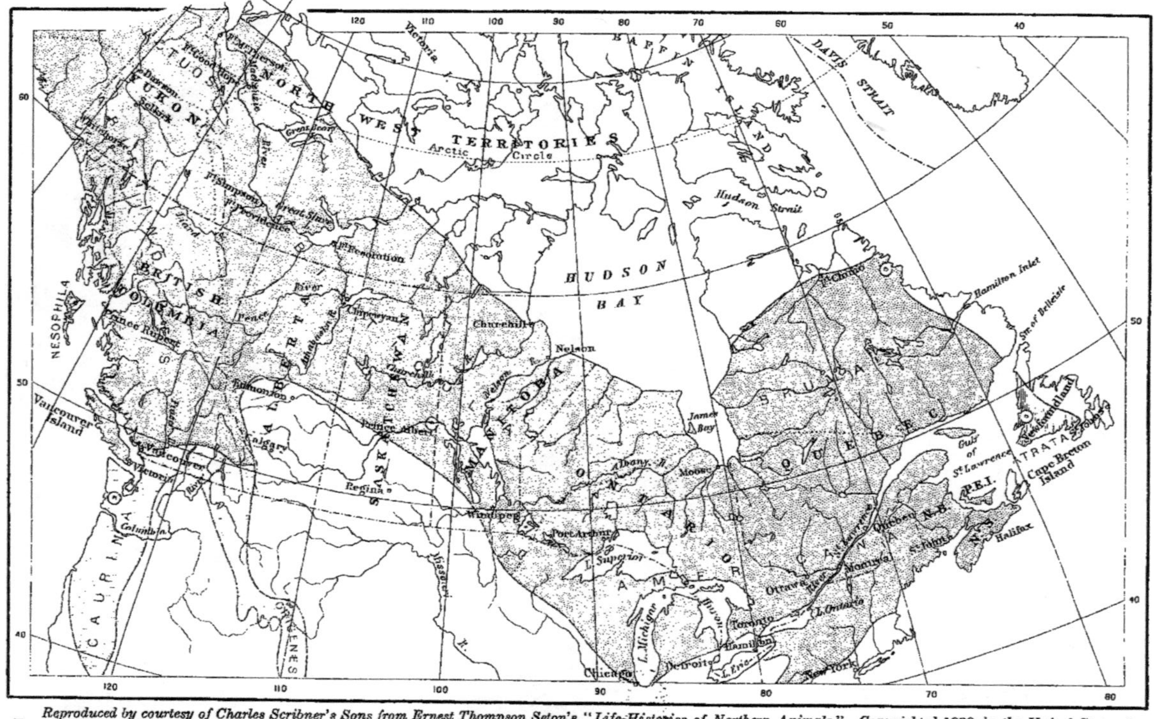

Reproduced by courtesy of Charles Scribner's Sons from Ernest Thompson Seton's "Life-Histories of Northern Animals." Copyrighted 1909 *in the United States, by Ernest Thompson Seton.*

MAP 4.—RANGE OF THE AMERICAN MARTENS IN CANADA

This map is founded chiefly on records by J. Richardson, J. Bachman, S. F. Baird, R. MacFarlane, E. W. Nelson, R. Bell, H. C. Yarrow, A. P. Low, C. Hart Merriam, O. Bangs, E. A. Preble, J. Macoun, W. H. Osgood, C. B. Bagster, D. G. Elliot, J. Fannin, J. D. Figgins, E. T. Seton, S. N. Rhoads, A. E. Verrill, and E. R. Warren.

The following are recognized:

Mustela americana Turton, with its 5 races,
Mustela atrata Bangs. The Newfoundland species.
Mustela caurina Merriam, in 2 races, *caurina* and *origenes*,
Mustela nesophila Osgood, In Queen Charlotte Islands.

(5) : Les cases peuvent être de 5 ou 6 pieds carrés, les côtés en planches larges, unies, coupées de 4 pieds de longueur, reposant sur une maçonnerie de pierre ou de ciment enterrée à 18 pouces de profondeur. Le plancher devrait être la terre nue. Les côtés peuvent être construits en treillis épais au lieu de planches, mais dans ce cas, il faut que le dessus soit treillagé, autrement les animaux s'en échapperont.

(6) *Boîtes*: Pour leurs nids, il faut mettre dans les cases des boîtes de 2 pieds sur 1½, pied sur 1½ pied. Les couvercles devrait être fixés au moyen de charnières, afin que l'on puisse ouvrir et examiner ces boîtes au besoin. On pourra les placer à l'extérieur des cases et les attacher à la clôture, 3 ou 4 pouces au-dessus de terre; un trou dans la clôture permet à l'animal de passer dans sa boîte. Les boîtes doivent, autant que possible, être placées dans l'ombre et n'avoir, pour l'entrée du vison, qu'un trou de 4 pouces de diamètre.

MARTRE OU ZIBELINE D'AMERIQUE

(*Mustela Americana*)

Au cours de cette investigation il n'a été trouvé aucun terrain d'élevage des martres, malgré que les éleveurs aient essayé de se procurer des spécimens de ces animaux. Dans l'automne de 1912, un fermier de la Nouvelle-Ecosse a fait expédier du Labrador six couples de martres et il y a peut-être quelques autres fermes de l'Ontario où l'on en garde des spécimens.

On a pu se procurer des données sur les essais de l'élevage de martres d'une seule personne, M. A. S. Cocks, de Henley-on-Thames, Angleterre.* M. Cocks qui a élevé cinq portées de martres en captivité, dit que la plus grande difficulté consiste à savoir quand la femelle est en rut. Lorsqu'un couple est mis ensemble, quand la femelle n'est pas en chaleur, on expose celle-ci à être assommée par le mâle qui lui assène un coup violent sur la tête.

Habitudes de la Martre

La martre est un des animaux les plus avides de sang, elle n'est surpassée en ceci que par la belette et peut-être le pékan. Elle est polygame comme le reste de la famille des belettes, et à cause de sa nature sauvage, on n'en peut garder deux

* Un relevé de ses expériences a été publié dans *The Zoologist* en 1883, p. 203; et dans les *Proceedings of the Zoological Society of London*, en 1910, p. 836. On trouve dans *The Zoologist*, de 1881, 1897, etc., d'autres notes sur les petits de l'espèce.

dans le même enclos. Les enclos doivent être du genre de ceux du vison, clôturés avec du treillis No 17 ou 18, mais plus hauts, et recouverts. Le treillis doit aussi recouvrir le sol ou être enfoncé d'un pied en terre pour empêcher ces animaux de creuser des terriers. L'enclos peut être fait dans les bois où l'on peut planter des arbres et des arbrisseaux à l'intérieur. Ces animaux sont habitués à une vie très active sur les arbres, et il faut leur fournir un moyen de prendre de l'exercice ou bien on ne pourra pas les garder longtemps en élevage. Le nid doit avoir la dimension de celui que l'on recommande pour le vison, ou peut-être un peu plus grand.

Accouplement

La martre, comme le vison est un sujet de difficultés au temps de l'accouplement. Toutefois, la martre est plus difficile à surveiller, vu qu'elle s'accouple la nuit, tandis que le vison ne choisit pas le temps. Le gardien peut reconnaître le temps où le mâle doit être mis dans les enclos en examinant des pailles croisées que la femelle disperse dans l'enclos. Le mâle doit être laissé plusieurs jours avec la femelle. Si l'on veut parvenir à élever une portée dans un terrain d'élevage, il faudra couper les dents canines du mâle. Ceci peut être effectué avec un sécateur, des pinces de dentistes ou même une paire de pinces ordinaires. Les petits d'une martre élevée en captivité seront beaucoup plus domestiqués s'ils sont enlevés à la mère à l'âge de deux mois environ. La martre fut domestiquée par les anciens Romains qui s'en servaient de furet.

L'accouplement se fait en janvier ou en février. Le temps de la gestation dure un peu plus de trois mois. On voit les jeunes hors du nid à l'âge d'environ huit semaines. A six mois, ils sont à leur taille naturelle, et en mesure de se propager à l'âge d'un an. Le nombre de petits est de un à cinq.

Le régime d'alimentation est le même que celui du vison. Un repas par jour suffit pour les maintenir en bon état de reproduction.

Les martres doivent être transportées dans des boîtes dont les parois intérieures sont en métal, vu qu'elles peuvent, au cours du trajet, ronger une planche saine d'une pouce et s'évader. Si l'on peut élever les martres de la Baie d'Hudson à l'état domestique, on n'aura pas de difficulté à trouver un marché pour les peaux. Actuellement, la production de l'Asie est de 75,000 peaux de zibelines, et celle de l'Amérique du Nord, 120,000. L'expérience que l'on aura acquise dans l'élevage de la martre de la Baie d'Hudson entraînera probablement la domestication de la martre de Sibérie ou de la zibeline de Russie; ce sont des animaux moins gros, mais leurs fourrures ont beaucoup plus de valeur. Comme la fourrure est en général plus estimée et plus à la mode, on peut dire, sans même tenir compte du fait qu'elle est plus durable, que le chiffre total du commerce des peaux de martres égalera celui de tous les renards ensemble.

PEKAN OU MARTRE A PENNANT

(*Mustela Pennanti*)

On n'a trouvé que deux terrains d'élevage où l'on garde le pékan ou martre à pennant. Les expériences faites dans l'un d'eux ont semblé avoir obtenu de bons résultats jusqu'à ce jour: les animaux se montrent dociles et se maintiennent en bon état. Les propriétaires espèrent réussir, mais il n'y a pas encore eu de reproduction.

Le pékan mesure environ deux pieds de longueur et sa queue est grosse et touffue. A première vue, il ressemble à un chat noir et on le nomme ainsi dans le pays. C'est l'animal le plus agile et le plus brave de la famille des belettes; il peut attrapper une martre dans une course libre, et sauter de 30 à 40 pieds de hauteur. Le fait que la martre peut saisir un écureuil, nous donne une idée de l'ensemble des exploits.

Les méthodes d'élevage sont les mêmes que celles de la martre, mais à double proportion. L'accouplement a lieu vers le 1er mars. Les petits naissent vers le premier mai aux nombres de un à cinq par portée. Plusieurs croient qu'à l'état sauvage ces animaux vivent par couples, mais la vie dans le terrain d'élevage indique qu'un mâle peut couvrir plusieurs femelles. Les prix de la fourrure du pékan augmentent rapidement ce qui rendra peut-être plus intéressant l'élevage de ce précieux animal à fourrure. Une peau de première qualité peut actuellement (1912) rapporter de $75 à $100.

LOUTRE CANADIENNE

(*Lutra Canadensis*)

La loutre est très facilement domestiquée et l'on peut même la laisser en liberté sans qu'elle déserte ses maîtres. La méthode naturelle d'élevage indiquée pour le vison comprenant un étang bien poissonneux à sa disposition, conviendrait certainement à la loutre, surtout si l'on prend les mesures voulues pour soigner la mère et les petits.

Vers le temps de la mise bas, on pourrait prendre la mère au moyen d'une cage-trappe à fond de treillis, dans laquelle elle serait examinée. Si elle était prête à mettre bas, il serait possible de la placer dans un enclos semblable à ceux dont on se sert pour le vison, et d'élever les petits avec succès. La docilité de la loutre et de la moufette permettra ce traitement. Aucun terrain d'élevage de loutre n'a été visité, mais la douceur de ces animaux et la bonne santé de ceux que l'on garde dans les jardins zoologiques nous fait conclure qu'il sera facile de les élever lorsque nous aurons acquis l'expérience voulue.

Bien que l'on trouve la loutre dans presque tous les pays, celle du Canada est la plus recherchée. Les peaux de saison rapportent actuellement (1912) $30 ou même $40. La brochure dite *Fur Trade Review,* de janvier 1913, rapporte que la loutre foncée No 1 de la Nouvelle-Ecosse et du Labrador se vend de $20 à $25. Pour qu'une entreprise d'élevage de ces animaux réussisse, et que les prix plus haut cités donnent des profits, il faut que l'on puisse obtenir, à peu de frais, un ample approvisionnement de poisson. L'élevage de la loutre peut sans doute être profitablement exploité, vu la grande demande d'animaux vivants pour la reproduction et l'établissement de terrains d'élevage.

L'article suivant qui traite de la loutre, par Vernon Bailey, a été publié dans le 5ème volume du rapport dit: *Report of the American Breeders' Association*:

La Loutre, Animal à Fourrure

" L'élevage de la loutre promet de suivre celui du renard argenté et du renard bleu sous le rapport du succès. Elle a le double avantage de porter une fourrure riche et durable et d'être de mœurs douces et d'une domestication facile. C'est un animal gai, qui aime à jouer, affectueux et intelligent; bien qu'il soit très voyageur à l'état sauvage, il vit bien en captivité. Généralement ce genre de vie ne se prête pas à la reproduction; mais on peut y remédier en créant pour ces animaux un régime de vie à peu près analogue à celui qu'ils mènent à l'état sauvage. En cet état, il n'y a pas de danger d'extermination. L'homme est leur pire ennemi. Grâce à leurs habitudes errantes et à la finesse de leur instinct, les loutres n'ont à craindre que les plus rusés trappeurs. Elles ont réussi, mieux que tout autre animal à fourrure d'égale valeur, à se maintenir dans les parties les plus populeuses des Etats-Unis. Elles peuplent encore la plupart de leurs habitats dans le pays; elles ne se rassemblent pas en grand nombre, mais elles sont disséminées une ou deux par rivière ou lac. Il est possible qu'elles soient aussi nombreuses dans le voisinage des faubourgs de Washington et dans les autres parties habitées que dans les forêts les plus solitaires mais fouillées par les trappeurs.

Caractères Généraux

" Les loutres canadiennes, arrivées à leur déveleoppement complet, ont une longueur totale de 4 pieds et pèsent de 20 à 30 livres. Les caractères distinctifs de la loutre sont les suivants: corps allongé, porté par des pattes courtes, yeux petits, saillants, oreilles courtes, doigts des pattes postérieures fortement palmés, pelage d'un brun acajou. Elles ressemblent aux belettes par leur agilité; douées d'une grande force musculaire, elles ignorent la peur et se battent avec sauvagerie.

Distribution et Variation

" Ces loutres varient selon les différentes parties du monde; mais les plus grandes, et dont la fourrure est le plus estimée, sont celles de l'Amérique du Nord, *Lutra Canadensis;* et leurs nombreuses sous-espèces ou variétés géographiques ont entre elles de très grandes ressemblances. Malgré les territoires considérables qu'elles habitent et qui vont du Labrador à l'Alaska, et des régions arctiques aux côtes de la Floride et de l'Arizona, leur taille, la couleur et la qualité de leur fourrure sont presque les mêmes aux diverses latitudes. Il faut attribuer ceci à leurs habitudes aquatiques et à la température de l'eau qui, pendant l'hiver, varie peu sur tout le continent. Si les peaux des loutres du sud se vendent moins cher que celles des autres parties, c'est parce que les animaux ont été capturés avant la mi-hiver, c'est-à-dire avant qu'ils fussent de saison. Il semble très probable que, par le croisement des loutres noires de l'est du Canada avec celles des états de l'ouest, on pourrait améliorer grandement les qualités de celles-ci. Elles trouveraient en abondance du poisson et des crustacés dans plusieurs des cours d'eau du sud, et l'on pourrait choisir des emplacements de premier ordre pour les élever dans des centaines de ces eaux où quelques-unes vivent maintenant à l'état sauvage.

" Pour l'objet de l'élevage, on devrait choisir les loutres dont la livrée aura le plus de valeur, de préférence celles de l'est du Canada, du Labrador, de Terre-Neuve et du Maine, dont le pelage est très foncé. Il en existe une grande variété de types; nul doute qu'une sélection judicieuse aurait pour résultat d'améliorer grandement les produits. Les plus grandes sont celles de l'Alaska et du Nord-Ouest, mais leurs peaux sont moins prisées que celles de leurs congénères plus petites mais plus foncées du Nord-Est. Les pelleteries du Canada et celles de l'est des Etats-Unis ont toujours obtenu les plus hauts prix.

" *The Fur Trade Review,* en décembre 1908, et en janvier 1913, cite les prix suivants payés pour les peaux de loutres de première qualité:

Du Canada et de l'Est	$18 à $20
Du Nord-Ouest et de la côte du Pacifique	$12 à $14
De l'Ouest et du Sud-Ouest	$10 à $12
De l'Ouest de la Pennsylvanie et de la Virginie.	$10 à $12

“La fourrure de la loutre du nord est de saison en décembre, mais se maintient en cet état jusqu'en mars. Dans les états du sud, elle n'arrive à cette phase qu'en janvier.

Habitudes Générales

“La première connaissance que doit acquérir un éleveur, qui veut réussir dans l'élevage des animaux à fourrures, est celle de leur mode d'existence et de nutrition. Les conseils qui suivent seront trouvés utiles par ceux qui voudront élever des loutres:

“Les loutres sont des amphibies, nagent avec force et rapidité, peuvent demeurer sous l'eau pendant longtemps, à la poursuite d'une proie ou à la recherche d'une retraite contre les attaques de leurs ennemis; elles peuvent aussi se mouvoir aisément sur terre. Elles parcourent de grandes distances par terre, pour se rendre d'un cours d'eau à un autre, et se laissent glisser sur leur ventre soyeux avec une satisfaction visible; elles se complaisent surtout à fouler la neige fraîchement tombée, et préfèrent ce mode de locomotion à tout autre. On les a vues suivre le bord des rivières sur une distance de plusieurs milles. Toutefois, c'est par eau, où elles trouvent la plus grande partie de leur nourriture, qu'elles voyagent habituellement. Leur longue queue aplatie est une puissante hélice, et leurs pattes postérieures palmées de vigoureux avirons. Sur terre leurs mouvements sont lents et sans grâce; dans l'eau, au contraire, elles se meuvent avec rapidité, agilité, semblables aux phoques, l'emportant même sur plusieurs poissons par la vitesse et l'aisance de leurs mouvements. Elles donnent la chasse au poisson, en attrappent un grand nombre. Elles déploient une grande activité nuit et jour, mais surtout le matin et le soir.

Genre de Nourriture

“Elles semblent montrer une prédilection pour le poisson vivant qu'elles saisissent dans l'eau et mangent sur les berges ou sur la glace; cependant, elles sont aussi très friandes d'écrevisses. Les excréments des loutres renferment plus d'arêtes et d'écailles de poisson, de coquilles de crustacés que de restes d'autres genres d'aliments, mais elles dévorent surtout des grenouilles, des oiseaux aquatiques, de petits mammifères et des viandes fraîches. Les loutres ont bientôt fait de vider un étang ou une rivière des rats musqués qui s'y trouvent, surtout en hiver, sous la glace, elles pénètrent

Vison assis sur sa cabane ouverte par le haut

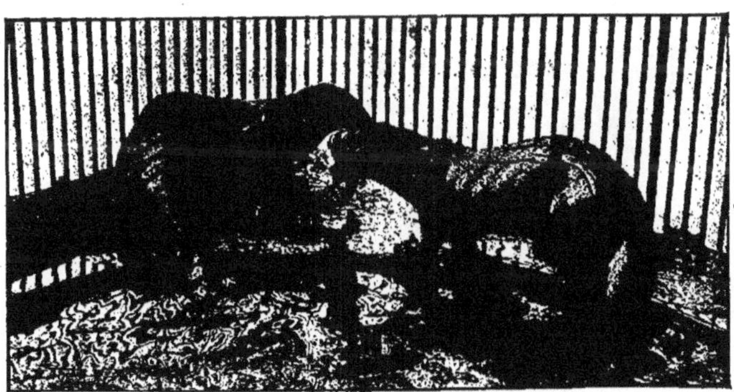

Loutres

alors dans leurs retraites et les terriers du bord. En captivité, on les nourrit ordinairement de poisson et de viande fraîche, la ration est d'environ deux livres par jour. On la jette à l'eau: ces animaux semblent prendre plaisir à plonger pour aller à sa recherche.

" Pour faire l'élevage des loutres avec profit, il importe de choisir un emplacement où l'on peut se procurer du poisson à bon compte.

Particularités de Production et d'Elevage

" Les loutres sont polygames; et, pendant les premiers mois du printemps, le mâle parcourt de grandes distances, apparemment à la recherche de compagnes, avec lesquelles il ne reste que le temps voulu pour les couvrir. Les observations semblent montrer que le mâle s'accouple à autant de femelles qu'il peut, durant la saison du rut. La femelle choisit ou creuse son terrier elle-même, dans les trous du bord des eaux; elle élève, garde et nourrit ses petits, jusqu'à ce qu'ils puissent chasser et pourvoir eux-mêmes à leur entretien. Ils suivent leur mère jusqu'à ce qu'ils soient adultes. Dès les premières neiges ou les premières gelées, ils se séparent et chacun vit ordinairement seul. Toutefois ces animaux se rencontrent et se visitent même à l'occasion; ils choisissent, pour leurs lieux de chasse, des lacs ou des cours d'eau, où ils n'auront pas de rivaux. La rareté ou l'abondance de nourriture les oblige à se déplacer; ils n'ont pas d'habitats fixes. En captivité les loutres semblent vivre en bonne harmonie. Deux femelles ont vécu en bons rapports, pendant huit années, au *National Zoological Park;* mais un mâle, qui fut introduit dans l'enceinte de leur enclos, fut bientôt tué par elles. Depuis 18 mois, une autre femelle et un mâle de forte taille ont été placés dans le même enclos, et il arrive souvent que lorsque les femelles jouent ensemble amicalement, elles se jettent, individuellement ou toutes trois, sur le mâle et le mordent furieusement. Bien que plus grand qu'aucune des femelles, il se tient seulement sur la défensive, recule et refuse de se battre ou de fuir. Il est évident qu'il faut séparer le mâle d'avec la femelle, sauf pendant la saison du rut; la séparation des femelles devient nécessaire avant la naissance des petits et jusqu'à l'âge adulte de ceux-ci.

" Une portée se compose généralement de deux ou trois petits; cependant, ce nombre est quelquefois de quatre ou cinq. Les portées moins nombreuses semblent être celles des premières années. Nous ne possédons que très peu de données sur ce point, mais puisque l'on a enregistré des familles de loutres de cinq ou six vivant ensemble pendant l'été, on est porté à croire que la femelle met bas quatre ou cinq petits, et vu que le nombre de mammelles est de cinq, le nombre normal des petits semblerait être quatre.

" On ne sait pas exactement si les femelles commencent à reproduire quand elles ont atteint l'âge d'un an, mais la chose semble probable.

" Du fait que les loutres ne se reproduisent pas dans les parcs zoologiques, où elles sont épeurées par les nombreux visiteurs, ne prouve pas qu'elles ne se multiplieront pas normalement, lorsqu'elles seront placées dans les conditions voulues.

Lieux Convenables

" Un étang ou une petite section d'un cours d'eau, située de préférence dans un bois conviendrait à l'établissement d'un enclos d'élevage de loutres. La pièce d'eau devrait avoir au moins six pieds de profondeur et 20 à 30 pieds de diamètre. Pour donner à cet animal l'occasion de prendre de l'exercice, il serait à souhaiter que les bords de son bassin fussent escarpés et un certain nombre de pièces de bois placées dans l'eau. Si les bords sont fermes et rocheux, la loutre cherchera moins à creuser. De l'eau pure, fraîche et courante, a pour effet de tenir ces animaux en bonne santé. Il serait possible d'établir plusieurs enclos à peu de frais sur le même cours d'eau, et de les séparer par des clôtures en treillis métallique. Un enclos de 50 pieds carrés suffit pour une famille, si l'on fournit à ses occupants une abondante nourriture.

" De petites cabanes, des troncs d'arbres creux, des enfoncements peu profonds ou des terriers artificiels pourraient leur être fournis pour y dormir et s'y retirer en tout temps.

Clôture

" Les enclos à loutres devraient être entourés d'une clôture de quatre pieds de hauteur, en treillis métallique solide, à mailles d'un pouce, cette clôture devrait être surmontée d'un rebord de 16 pouces de large, placé à l'intérieur, et supportée par des poteaux en fer de quatre pieds de distance avec sommets recourbés à l'intérieur pour soutenir le rebord. Ces piquets devraient être plantés dans une maçonnerie en pierre ou en béton, à un pied de profondeur, et disposés en travers du cours d'eau à la manière d'un barrage, en amont et en aval. On peut remplacer la maçonnerie par un treillis métallique enterré à un pied de profondeur; mais il sera nécessaire de renouveler cette partie de temps à autre, car la rouille aura bientôt rongé ce grillage. On se sert, au *National Zoological Park,* d'une clôture en treillis métallique à mailles d'un pouce de largeur et de quatre pouces de hauteur, fil No 11. Les animaux grimpent difficilement le long d'une telle clôture. Les poteaux sont composés de deux lamelles d'un pouce de largeur et d'un quart de pouce d'épaisseur, placées de chaque côté du treillage et rivées ensemble.

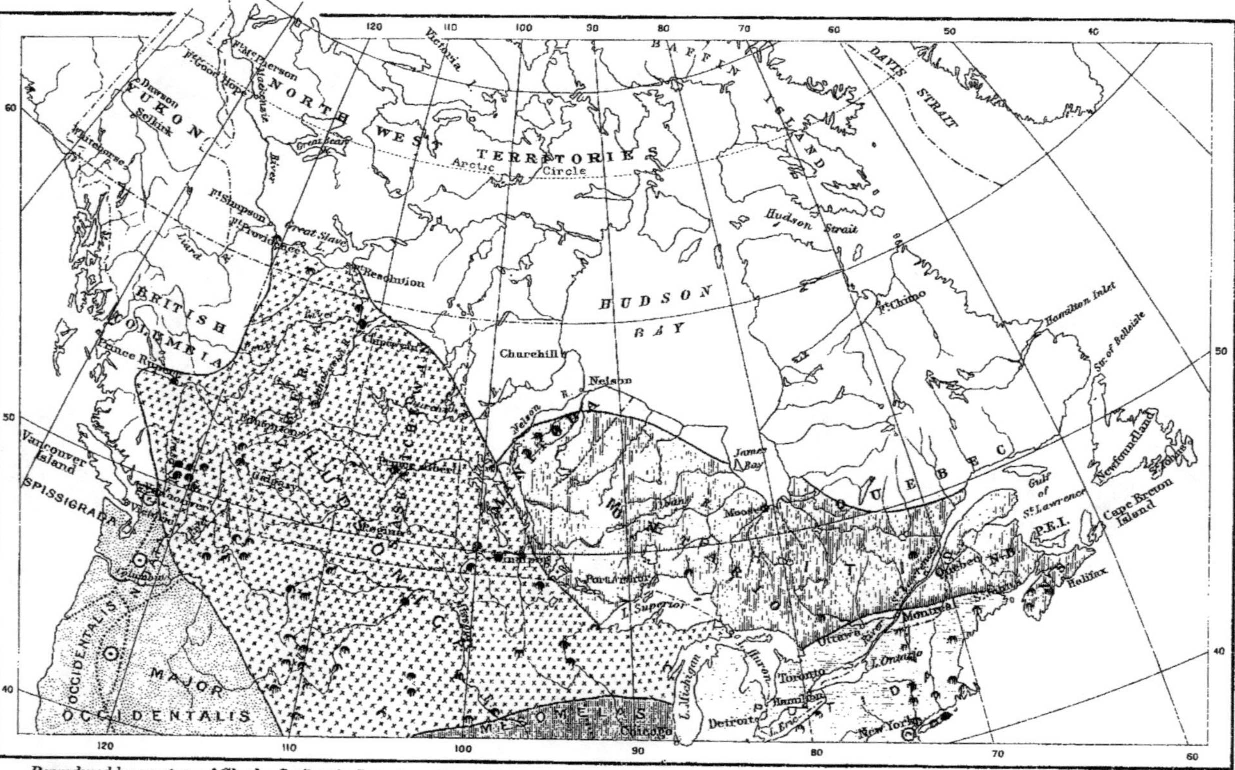

Reproduced by courtesy of Charles Scribner's Sons from Ernest Thompson Seton's "Life-Histories of Northern Animals." Copyrighted 1909 *in the United States, by Ernest Thompson Seton.*

MAP 4.—RANGE OF THE LARGE SKUNKS OF THE GENUS MEPHITIS IN CANADA

This map is founded chiefly on A. H. Howell's revision, N. A. Fauna No. 20, 1901. Spotted on it are all the records he gives for the species found in Canada, except *occidentalis* which barely enters British Columbia. Additional records by E. A. Preble, J. Alden Loring, and E. T. Seton are marked.

Mephitis mephitis (Shaw) with 2 races,
Mephitis hudsonica Rich.,
Mephitis putida Boitard,
Mephitis mesomelas Licht., with 3 races.
Mephitis occidentalis Baird, with 4 races.

“ Les loutres ne creusent pas beaucoup et ne cherchent pas à passer par-dessous la clôture. En général, elles ne grimpent pas dans les arbres; cependant elles peuvent monter sur un arbre à écorce rugueuse ou penché au-dessus de la clôture.

Conclusions

“ Tout porte à croire que, sous des conditions favorables, on pourrait élever les loutres avec profit pour leur fourrure, et que, plus tard, il sera peut-être possible de croiser ces animaux à mœurs douces avec d'autres à fourrure de grande valeur. Mais, les essais que l'on fait en ce moment devront être continués pendant plusieurs années, avant d'affirmer si cette entreprise est appelée à donner de bons résultats et des profits. Il reste encore à établir des faits importants, tels que les méthodes de reproduction assurée, le nombre des petits d'une portée, la date de la naissance, une alimentation abondante à peu de frais, le perfectionnement de la fourrure, au moyen de la sélection des reproducteurs, l'âge et la date de leur plus grande perfection. Si cette industrie peut être menée à bonne fin, ce sera une importante addition à nos ressources nationales.”

MOUFFETTE (Bête-puante)

(*Mephitis*)

Les éleveurs de mouffettes, qui ont été consultés, ont avoué que, jusqu'à présent, l'élevage de ces animaux n'a pas été un succès au point de vue commercial; mais deux ou trois se proposent de construire des enclos plus spacieux, dès que ces animaux auront suffisamment grandi en nombre. On a constaté qu'une femelle donne généralement cinq petits. Dans un endroit, on a trouvé que l'on gardait un mâle pour cinq femelles.

Lorsqu'il est question d'élevage de mouffettes, on se demande toujours comment il sera possible d'établir une pareille industrie dans une localité habitée, vu l'épouvantable puanteur que cette bête peut lancer à distance. Néanmoins, les éleveurs ne paraissent pas découragés; ils préfèrent même cet animal au renard, et disent que l'on peut passer dans le voisinage d'une centaine de mouffettes, sans être incommodé par aucune senteur fétide. Comme on peut le voir par la gravure qui suit, elles se laissent manier sans difficulté. Bien qu'il soit possible de leur enlever, vers l'âge de dix jours, la glande qui secrète le liquide puant, l'opération ne s'impose pas; elle pourrait même être fatale à la bête.

On les classe suivant la proportion des poils blancs qui parsèment la peau: No 1, celles qui n'ont pas de raies ou qui en ont de très courtes; No 2, celles dont les raies sont plus longues; No 3, celles qui sont rayées sur toute la longueur du corps. La partie blanche du pelage est enlevée, la noire seule est gardée; la peau No 1 a donc plus de fourrure noire que celles qui sont plus blanches. Il se peut que la forte hausse des prix de cette fourrure, en 1912, soit un encouragement à l'industrie de l'élevage des mouffettes. Actuellement, on vend une peau de mouffette du nord $4.25; si ce prix se maintient, l'élevage de cet animal sera profitable.

On peut garder les mouffettes en captivité aux mêmes conditions que celles recommandées pour les visons. Toutefois, étant donné que leur pelleteries ont moins de valeur, et que ces bêtes sont d'un caractère moins vicieux et plus doux que ces derniers, on peut leur donner plus de liberté et les parquer en plus grand nombre. Les mâles ne s'attaquent pas aux femelles, mais celles-ci tueront les mâles, si on les laisse ensemble, passé le temps du rut. Il importerait de garder les femelles en enclos, après qu'elles auront été couvertes et pendant qu'elles élèveront leurs petits. Le terrain d'élevage devra être d'une grande étendue, afin qu'elles se procurent une alimentation naturelle variée.

M. Brae a décrit, dans l'extrait ci-après de lettres adressées au *Hunter-Trader-Trapper Magazine,* les méthodes à suivre:

Elevage de la Mouffette

"Si l'on commence l'élevage des mouffettes avec un petit nombre de sujets, on n'en retire aucun profit, mais on peut retirer un bénéfice de 50 à 100 pour cent, si l'on commence l'entreprise sur une grande échelle. A mon début, je ne possédais que 12 femelles et 3 mâles, tous noirs; le nombre moyen des petits par portée fut de 3 à 6; 85 pour cent étaient noirs, les autres étaient classés sous les Nos 2, 3 et 4.

"Naturellement, les mouffettes vivent dans des terriers, des trous de roches, d'arbres, de souches, etc. Elles se nourrissent de souris, d'oiseaux, vermine, grillons, sauterelles, abeilles, frelons, vers angulaires, graines, baies, racines et écorce. Mon enclos était de 14 pieds sur 36 pieds, la clôture de 4 pieds de hauteur, le treillis métallique à mailles d'un demi-pouce à la base et d'un pouce au sommet et au-dessus. Pour cachettes, je leur avais donné des boîtes; cet enclos était une bonne prison, mais trop restreint pour l'objet en vue.

"Je vais énumérer les inconvénients de commencer en petit: un grand nombre de sujets, dans un endroit peu étendu, sera la cause qu'ils

Castor

Mouffettes (Bêtes-Puantes) Vivantes, Rayées

se rueront les uns sur les autres et s'entretueront; d'un autre côté, il serait coûteux d'établir un enclos pour chaque femelle. Dès que la saison du rut est finie, la femelle tue le mâle, apparemment pour protéger ses petits. Les mouffettes sont sujettes à des maladies fatales, qui ressemblent au croupe ou à la diphtérie. J'ai vu des femelles sans petits voler ceux des autres mères et les emporter à leurs boîtes, et chasser les mères, et faire mourir d'inanition les petits dérobés. D'autres, ayant cependant leur propre progéniture, s'emparer des jeunes des autres; et, chargées de plus qu'elles ne pouvaient soigner, une partie périssait, faute de nourriture.

" L'enclos trop étroit a un autre désavantage: les mouffettes s'apprivoisent au point de sortir le jour pour manger, exposant ainsi leur fourrure à perdre de son lüstre sous l'action du soleil. Vu qu'il est impossible de fournir, à un grand nombre, le genre d'alimentation que ces animaux trouvent à l'état sauvage, il est nécessaire de leur fournir soit de la viande de vaches, de volailles, ou de chevaux morts, du maïs et autres choses que ne peut leur donner celui qui ne possède qu'un petit enclos. Si elles ne sont pas suffisamment nourries, elles se dévorent entre elles.

" Lélevage des mouffettes, comme toute autre industrie nécessite du capital; quiconque possède des fonds et de l'expérience peut, à mon avis, y réaliser des profits de 50 à 100 pour cent.

" Pour obtenir quelque résultat, l'éleveur devrait pouvoir disposer d'une somme d'au moins $2,500. Le terrain d'élevage devrait être d'une acre en superficie, entouré d'un mur en béton de trois pieds de profondeur dans la terre et surmonté d'une clôture en planche d'environ 6 pieds de hauteur. Un tel entourage peut coûter environ $1,500. Une centaine de femelles et vingt-cinq mâles reviendraient à environ $300. La balance, $700, serait employée à l'achat de nourriture et au paiement du salaire du gardien.

" Le soin à leur donner consisterait à leur fournir le nécessaire pour boire et manger; à empêcher les femelles, après la mise bas, de s'entrevoler les petits et de les entasser dans leurs boîtes, et à séparer les mâles d'avec les femelles. A ces conditions, 90 pour cent des jeunes pourront être élevés.

" Il y a trente ans, une peau de mouffette se vendait de 50 à 75 cts. Aujourd'hui cette fourrure occupe un des premiers rangs sur le marché, mais sous des appellations diverses. Actuellement, l'élevage des mouffettes donnerait des profits. On ne peut répondre à toutes les demandes qui se multiplient continuellement, grâce à l'épaisseur de la fourrure, à sa texture, à sa durée et à sa résistance. Sa rareté est attribuée, premièrement, aux incendies de forêts et de plaines, qui ont dévasté d'immenses territoires, détruisant ainsi les bourgeons, les couleuvres et les animaux à fourrures; secondement, aux prix élevés payés pour cette fourrure qui aiguillone au plus haut point le chasseur et le trappeur. Il faut encore ajouter à cela les chasseurs de ratons-laveurs, qui viennent de la ville, accompagnés de meutes, chasser par amusement, et qui détruisent plusieurs de ces mouffettes: de fait, avant d'avoir réussi à abattre un raton, ils ont tué six ou huit mouffettes. On peut suivre la trace de ces chasseurs par la senteur et les carcasses de ces animaux qu'ils ont abattus par caprice.

"Les mouffettes sont élevées aussi facilement que des chats, pourvu qu'elles soient enfermées dans un enclos où elles ne peuvent creuser ni en franchir la clôture. Pour chaque centaine de mouffettes adultes, il faut un enclos d'une acre en superficie.

"Pendant trois années, j'ai fait des essais avec un petit nombre de ces animaux. La première année je n'avais qu'un mâle et trois femelles; celles-ci produisirent quinze petits. Un des jeunes mourut; il ne me restait que dix-huit têtes: onze femelles et sept mâles. Cinq des jeunes furent classés sous le No 2, les autres étaient de première qualité.

"La deuxième année, j'avais douze femelles et deux mâles: ils me donnèrent quarante-trois petits. Je perdis trois de ceux-ci, il me restait donc cinquante-quatre en tout, quatorze parents et quarante petits. Je vendis dix-sept mâles et cinq femelles No 2; je n'avais plus que trente-deux mouffettes noires.

"La troisième année, les femelles produisirent de trois à six petits. Malheureusement, je ne pus m'en occuper moi-même; il me fallut les confier aux soins d'un individu qui ne s'intéressait qu'à l'argent que je lui donnais pour son travail. Vers le premier août, les mouffettes creusèrent un trou dans l'enclos et s'évadèrent. Là s'arrêtèrent mes essais d'élevage de mouffettes; mais, l'automne et l'hiver, je chasse beaucoup avec des chiens que j'ai dressés à ne pas tuer ces animaux; je les prends ainsi vivants, et je me sers des enclos que j'ai pour les y garder, jusqu'à ce que la fourrure soit de saison. De la sorte, j'ai des mouffettes vivantes, du premier novembre au premier janvier."

L'extrait qui suit est tiré des notes d'Ernest Thompson Seton, qui a gardé de ces animaux en captivité:

"La gestation est d'environ six semaines. Une portée est généralement de 4 à 9. Les jeunes commencent à manger vers l'âge de deux mois; et, quand ils ont deux mois de plus, on peut les laisser courir dans l'enclos. En automne, il faut nourrir abondamment les mouffettes, afin qu'elles puissent se faire une provision de graisse qu'elles utiliseront l'hiver pour se sustenter en grande partie. Plus la saison est froide, et plus belle est leur fourrure. On ne devrait pas garder plus de 50 à 60 sur une acre. Privées de toute viande, elles meurent; un repas de viande par jour, le soir, suffit. Si l'on se sert de la dépouille de ces animaux, après qu'ils ont été écorchés, pour nourrir les autres, il faut la faire bouillir avec des légumes. L'huile de mouffette a une certaine valeur."

Habitudes de la Mouffette

La mouffette est un animal qui creuse comme le renard; il faut donc enterrer une partie de la clôture de son enclos.

Le treillage convient mieux à la partie souterraine, car il est moins coûteux et ne nuit pas au drainage. Pour empêcher la mouffette de s'évader, une clôture de quelques pieds de hauteur suffit, mais il importe de l'élever de 6 pieds, sans rebord faisant saillie à l'intérieur, à cause de la neige et pour empêcher les autres animaux d'entrer dans l'enclos. Dans les régions du nord, où l'on produit la meilleure fourrure, ce qui convient le mieux, c'est un endroit boisé, à l'écart, ombragé, et où la surface de la neige est plus unie. Il faut leur préparer, comme au vison, un nid étanche et chaud, avec passage servant d'entrée. La dimension des nids devra être suffisante pour permettre à la mère de s'y mouvoir, sans piétiner ses petits, et si la hauteur n'excède pas 6 ou 7 pouces, l'intérieur sera suffisamment tempéré par la chaleur du corps.

La manière de tuer les mouffettes, en les noyant, est décrite ailleurs; on peut les faire mourir aussi sans difficulté et sans douleur, dans une boîte à poison, en faisant usage de bisulfite de carbone ou d'acide hydrocyanique. Ce dernier est un poison violent, et un danger entre les mains d'une personne inexpérimentée. On peut également les assommer d'un coup sur le dos; les muscles sont paralysés et la sensation détruite. Il faut les écorcher dans une boîte; les peaux doivent être complètement débarrassées de toute graisse afin qu'elles ne puissent pas s'échauffer; il faut les emballer séparément pour l'expédition.

RONGEURS

L'ORDRE des mammifères connus sous le nom de rongeurs renferme des animaux généralement de petite taille, et dont la fourrure est ordinairement de peu de prix. Ce qui les caractérise ce sont deux dents incisives à chaque mâchoire. Ils sont dépourvus de canines; les molaires sont séparées des incisives par un large vide. Cependant les lapins font exception; ils ont quatre incisives à la mâchoire supérieure.

Les meilleurs producteurs de fourrures de cet ordre sont: le castor, le rat musqué de la famille des souris et le lapin de la famille des lièvres. Nul, à l'exception du lapin, ne peut être domestiqué; mais il est possible d'en élever en captivité, surtout le rat musqué.

ONDATRA (Rat musqué)

(*Fiber Zibethicus*)

Bien que le prix d'une peau d'ondatra, *rat musqué*, soit le plus bas connu, il s'est toutefois élevé rapidement au cours des dernières années. En 1911, les fourreurs payaient les meilleurs peaux d'ondatras du nord 80 à 85 cents pièce; et, en 1912, les meilleures étaient vendues $1.25 chacune. Actuellement, le prix payé au trappeur n'est cependant que d'environ 55 cents. La demande a augmenté rapidement, grâce au nouvel usage que l'on fait de cette fourrure. La belle et populaire pelleterie, que l'on décore aujourd'hui du titre de "Phoque de la Baie d'Hudson, qui n'est autre chose que de l'ondatra, et que préparent nos fourreurs et nos teinturiers, vaut à cette fourrure sa valeur actuelle. L'industrie emploie annuellement environ dix millions de ces peaux; les hauts prix payés auront pour effet d'aiguillonner les trappeurs et les chasseurs; et, si cette fourrure reste à la mode, ce genre d'animaux ne tardera pas à disparaître de certaines parties du pays.

Vu la facilité avec laquelle on peut peupler un marais d'ondatras et les y nourrir, les propriétaires pourraient régler le nombre et améliorer leurs retraites et leurs nids, ainsi que leur alimentation, en leur servant du grain, des légumes et des fruits.

On élève une bonne qualité d'ondatras aux bords des baies Delaware et Chesapeake, sur le littoral de l'Atlantique des Etats-Unis; ces marais sont protégés par les propriétaires. Le fermage, pour ce genre d'industrie, est généralement la moitié de la capture. On tire parti de la fourrure, de la viande et des fioles de musc ou rognons. La viande, appelée aussi lièvre ou lapin des marais, est vendue en grande quantité

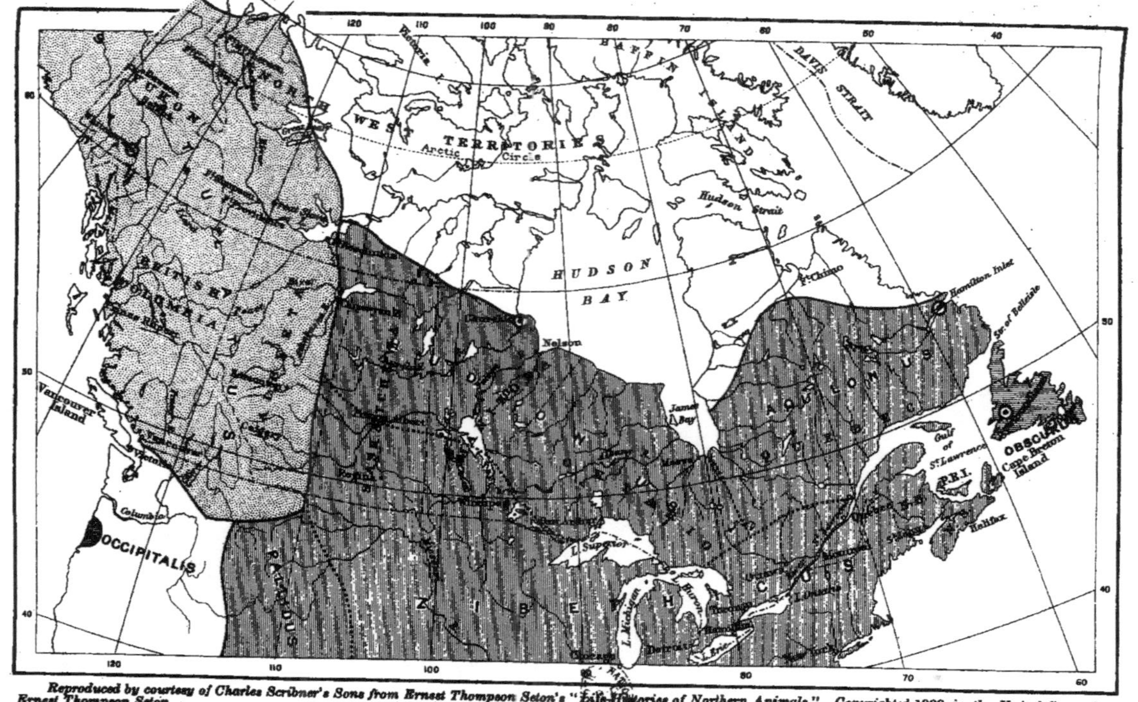

Reproduced by courtesy of Charles Scribner's Sons from Ernest Thompson Seton's "Life-Histories of Northern Animals." Copyrighted 1909 in the United States, by Ernest Thompson Seton.

MAP 5.—RANGE OF THE MUSKRATS IN CANADA

Founded on records by J. Richardson, Audubon and Bachman, D. G. Elliot, C. Hart Merriam, E. A. Mearns, E. A. Preble, R. MacFarlane, E. W. Nelson, E. R. Warren, Vernon Bailey, J. Fannin, O. Bangs, R. Bell, W. H. Osgood and E. T. Seton.

The map must be considered provisional and diagrammatic.

The following are recognised:

Fiber zibethicus (Linn) with its 4 races,
Fiber spatulatus Osgood. Yukon Muskrat.
Fiber occipitalis Elliott. Oregon Muskrat.
Fiber obscurus Bangs. Dusky, or Newfoundland Muskrat.

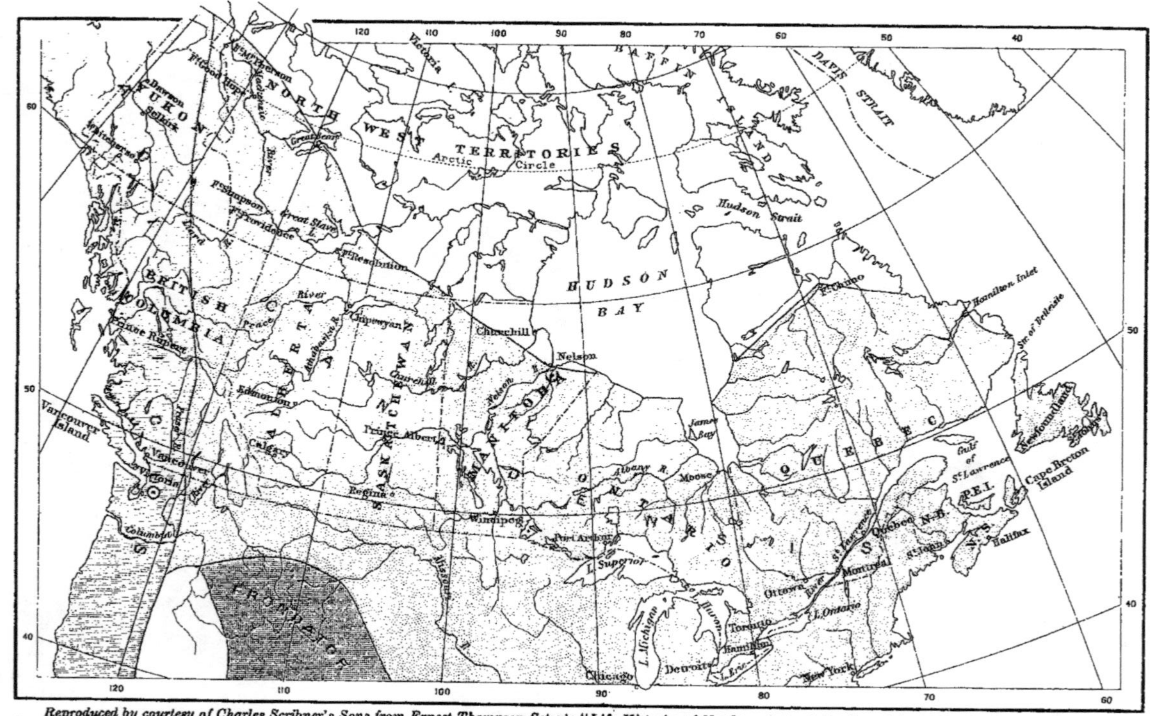

Reproduced by courtesy of Charles Scribner's Sons from Ernest Thompson Seton's "Life-Histories of Northern Animals." Copyrighted 1909 *in the United States, by Ernest Thompson Seton.*

MAP 6.—RANGE OF THE AMERICAN BEAVER IN CANADA

Castor Canadensis Kuhl, 3 races.

Founded chiefly on records by S. Hearne, J. Richardson, L. H. Morgan, Audubon and Bachman, R. Bell, D. G. Elliot, H. Y. Hind, S. N. Rhoads, J. Fannin, E. W. Nelson, O. Bangs, E. A. Mearns, E. A. Preble, V. Bailey, F. M. Chapman and E. T. Seton.

This map must be considered provisional and diagrammatic; the north boundary only is well established.

sur les marchés de Baltimore, Philadelphie, Norfolk et Washington. On dit qu'elle est délicieuse en automne et au commencement de l'hiver, mais qu'elle est immangeable le printemps, à cause de son odeur musquée. Les sauvages en font un de leurs mets favoris. Les fabricants de conserves alimentaires en achètent autant qu'ils peuvent mettre en boîtes.

On dit qu'il sera possible d'élever 50 ondatras par acre, dans les meilleurs marais salés. Ces enclos peuvent être entourés d'un treillis métallique à mailles d'un pouce et demi, et de 5 pieds de largeur. Sur terre sèce, on enterre la clôture à un pied de profondeur; près de l'eau on l'enfonce plus profondément. Il ne faudrait pas placer plus de 50 cabanes ou paires d'ondatras sur une acre. Pour les besoins de l'élevage, la pièce d'eau choisie ne devra pas geler jusqu'au fond. A cette fin, on peut la draguer et jeter la vase sur le bord; ce déblai servira aux animaux pour la construction de leurs cabanes. Leur aliment naturel sont le riz sauvage, les nénuphars, la mossette et diverses autres racines. Dans les environs de leur enclos on peut récolter des carottes, des betteraves, des navets, des pommes, des courges et d'autres légumes communs et fruits, qui seraient consommés en été ou mis en silos pour l'hiver. On peut aussi lui donner une petite quantité de viande.

L'ondatra ne met bas que deux fois par année, dans les régions froides du Canada; mais, plus au sud, ces animaux produisent généralement trois portées, dont la première donne à son tour des petits en automne. La première mise bas a lieu pendant la première quinzaine de mai; chacune de ces portées est de quatre à neuf; on dit même qu'il y en a eu jusqu'à douze.

CASTOR

(*Castor Canadensis*)

Le castor existait autrefois sur presque tout le continent de l'Amérique du Nord. On en trouvait aussi en Europe, dans la plus grande partie de l'Asie et du nord de l'Afrique; cependant, il a disparu de ces derniers pays depuis des siècles. Les quelques colonies qui existent en Europe sont soigneusement gardées par les autorités gouvernementales. Il commence aussi à devenir rare en Amérique. Les régions où il y en a le plus maintenant sont: le territoire compris entre les Grands lacs et le fleuve St-Laurent, entre ces lacs et la Baie d'Hudson et dans le nord de la Colombie-Britannique.

Nul autre animal n'a plus contribué à la colonisation de l'Amérique. Il a entraîné les nouveau-venus jusqu'au fond des forêts les plus reculées, leur servant de nourriture et de vêtement, tout en étant un des principaux articles de commerce avec l'Europe. Sa réputation commerciale devient si universelle, que sa peau tenait lieu d'argent monnayé au nord du Canada.

Brass évalue la production mondiale comme suit: Amérique, 80,000 peaux; Asie, 1,000; Europe, seulement un petit nombre. Outre les peaux, la castorine ou feutre de castor est vendue actuellement au prix de $12 à $15 la livre.

Usages du Castor

Les mœurs et habitudes du castor sont tellement intéressantes que tout écolier connaît toutes les différentes phases de sa vie. Sa chair, sa peau, et ses rognons sont estimés; ces derniers sont employés dans la parfumerie. Sa chair est excellente, et sa queue surtout est un mets exquis. Autrefois, on se servait de sa fourrure pour la fabrication des chapeaux hauts de forme, mais plus tard, on la remplaça par la soie. Actuellement, on épile la fourrure et on l'emploie à la fabrication de drap, de boas et de manchons. Les plus grandes et les meilleures peaux ne se vendent pas plus de $15 à $20; les grandes peaux No 1 sont même offertes à $12.

On ne saurait élever le castor en captivité, vu l'immense étendue de pays nécessaire à son genre de nourriture, et les ravages qu'il exercerait sur les terres des fermiers voisins de la même eau, et sur lesquelles poussent du tremble, du peuplier, du saule ou d'autres arbres dont il se nourrit. Le seul moyen pratique consisterait à enclore une immense superficie tant pour les arbres que pour les castors qui pourraient y être élevés. Une surveillance sera nécessaire, car il faudra un certain nombre chaque année pour en conserver l'approvisionnement. Une vallée clôturée suffirait peut-être au parcage de ces animaux. Quelques trapeurs ont avancé que le castor mangerait des légumes, (par exemple, des navets), mais l'on n'a pu, jusqu'à présent, donner aucune preuve de ce qu'on dit. Si c'était là un fait, l'élevage serait rendu facile.

Réserves Nationales du Gibier

La méthode la plus pratique, pour la conservation du castor, est la création de parcs nationaux pour le gibier, confiés aux soins de gardiens permanents. L'Algonquin National Park, dans l'Ontario, est un exemple du genre; le gouvernement retire de bons profits de la vente des peaux de ces animaux. Il est à souhaiter que l'on établisse des parcs nationaux, dans lesquels on élèvera en sûreté des castors et d'autres animaux sauvages. Les lois protectrices, surtout celles qui s'appliquent au castor, ne le protègent aucunément. Pendant les années où le castor était un article de contrebande dans les provinces de Québec et d'Ontario, on trouvait souvent des peaux de castors cachées parmi d'autres pelleteries expédiées en ballots. Il fallait acheter ces ballots tels qu'ils avaient été préparés, autrement le vendeur s'adressait à un autre acquéreur. Plusieurs fourreurs de Montréal ont avoué avoir acheté des peaux de castors chaque année et qu'ils n'auraient pu agir autrement à moins de quitter le commerce des fourrures.

Ceux qui désireraient garder quelques paires de ces animaux sauront que le castor s'accouple vers l'âge de deux ans; février est pour lui la saison du rut. La gestation est d'environ trois mois. Une portée se compose généralement de deux ou de trois petits, quelquefois plus. Les jeunes sont sevrés deux mois après leur naissance; ils commencent alors à se nourrir de bourgeons, de framboises et d'autres plantes. Ils accompagnent leur mère pendant toute la saison. On peut se procurer des sujets au ministère des Terres, Forêts et Mines, à Toronto, Ontario, à raison de $50 la paire. On obtient de bons résultats lorsque l'on peut disposer d'une pièce d'eau et d'aliments appropriés.

CARIBOU ET ORIGNAL

LE Congrès des Etats-Unis, à l'instigation du Dr Sheldon Jackson, a voté une somme de $240,000 pour l'établissement, dans l'Alaska, de troupeaux de caribous (*Rangifer tarandus*). Douze cent quatre-vingts caribous avaient été importés avant 1912, alors que le gouvernement Russe refusa la permission d'expédier d'autres envois de ces animaux de son territoire. Plus tard, le Dr Grenfell établit des troupeaux au Labrador. Ces deux troupeaux rendent de grands services aux tribus encore primitives du Canada et de l'Alaska, en leur servant de bœuf, de labour et de trait, de vêtements et de nourriture. Le caribou, originaire du Canada, qui comprend le caribou des bois (*Rangifer caribou*) et le caribou des plaines (*Rangifer arcticus*), pourrait produire un type d'animal domestique supérieur à son cousin d'Europe. On pourrait peut-être améliorer le caribou d'Europe en le croisant avec le caribou des bois, qui est plus fort et plus grand.

R. H. Campbell, directeur de la division des forêts, au ministère de l'Intérieur, nous a fourni les renseignements suivants sur l'introduction du caribou au Canada.

Le Caribou au Canada

"Les premiers essais de domestication du caribou sur ce continent ont été entrepris par le gouvernement des Etats-Unis, vers 1892, lorsqu'il fit importer un troupeau de ces animaux de la Sibérie dans l'Alaska. Depuis lors, plusieurs petits troupeaux ont été importés. Ces animaux, grâce aux précautions intelligentes d'importation et aux soins qui leur ont été donnés, sont maintenant au nombre de 15,000 en captivité. On soumet le caribou à tous les objets auxquels sont assujettis les bêtes à cornes domestiques, et de plus, ce sont des bêtes de somme utiles.

Transport dans les Régions Arctiques

"Le problème du transport, dans les régions arctiques, exception faite de la rigueur du climat, est des plus difficiles à résoudre. Le prix du grain et du foin, que l'on ne cultive qu'en très faible quantité, empêche l'emploi de chevaux ou de bêtes à cornes pour les transports. Avant l'introduction du caribou, le chien était condamné à ce travail. Bien que les gros chiens esquimaux soient d'excellentes bêtes de somme, leur utilité est bien amoindrie par le fait qu'ils doivent aussi transporter leur propre nourriture. Le caribou, au contraire, tout aussi dur à la fatigue que les meilleurs chiens, peut porter une charge bien plus lourde et vivre de mousse, qu'il trouve partout dans les régions sous-arctiques. Quelle que soit la rigueur du froid ou l'épaisseur de la neige, ces animaux réussissent toujours à creuser un trou jusqu'à la mousse, et à se maintenir ainsi en bon état pendant les plus longs et difficiles voyages. La chair du caribou est mangeable et nourrissante: c'est un autre point en faveur de cet animal; car, si un voyageur se trouve dans l'obligation d'y recourir, à la dernière extrémité, il peut l'abattre et trouver en lui un bon aliment; mais il répugne à l'homme de manger du chien.

" Il semble que les Etats-Unis, en faisant élever d'immenses troupeaux de caribous, à l'état domestique, dans l'Alaska, avaient en vue la solution du problème du transport en cette région, et la création d'une provision alimentaire pour les indigènes qui, autrement, fussent devenus de temps à autre une charge au trésor public.

" L'expérience des Etats-Unis a été suivie par beaucoup de Canadiens, qui se sont intéressés au développement de nos territoires du Nord, et surtout par Sir Wilfred Grenfell, qui, pendant sa mission sur les côtes du Labrador, en qualité de médecin, s'est trouvé en face des mêmes difficultés qu'il faut surmonter dans l'Alaska, savoir: rigueur du climat, absence d'autres moyens de transport, sauf les chiens, et rareté de nourriture pour les indigènes et les pêcheurs, pendant les saisons des froids excessifs.

Le Caribou au Labrador

" A la demande de Sir Wilfred, le gouvernement du Dominion acheta 300 caribous en Norvège, au cours de 1907. Ils furent mis à la disposition de Sir Wilfred, pour les besoins de son œuvre. On eut d'abord l'intention de les placer sur la côte nord du golfe St-Laurent; on crut, dans la suite, que la station de St. Anthony, sur la côte nord-est de Terre-Neuve, centre de la mission, serait plus favorable à l'élevage de ces animaux. En cette région, la mousse abonde, le climat leur est propice, et, à l'occasion, les caribous peuvent être expédiés sur tous les points du Labrador aussi facilement que du premier point choisi.

" Sir Wilfred fut heureux dans son entreprise, dès le début. Ce troupeau compte maintenant plus de 1,200 têtes. Plusieurs des mâles et des femelles stériles ont été abattus pour l'alimentation; il faut y joindre les pertes inévitables survenues à la suite de maladies ou d'accidents. Au mois de mai 1911, il a fait rapport que la viande de ces animaux était excellente, que leur peau était estimée, et que, d'après lui, le caribou serait aussi précieux au Labrador que dans l'Alaska et qu'il fournira une source d'exportation de viande d'une région où le blé, le maïs et les autres céréales ne seront jamais récoltés.

Caribous au Nord-Ouest

"Au cours de l'été de 1910, Son Excellence, le Gouverneur Général, Comte Grey, visita la station de la mission du Dr Grenfell, à son retour d'un voyage à la Baie d'Hudson. Son Excellence s'intéressa grandement aux essais de domestication des caribous. Ayant visité une grande partie des régions sous-arctiques du Canada, il reconnut qu'il importerait d'essayer l'élevage de ces animaux dans quelques régions des territoires du Nord-Ouest. Il discuta plus tard la question avec l'Hon. M. Oliver, alors ministre de l'Intérieur. On convint de demander au Dr Grenfell de fournir au gouvernement du Dominion cinquante têtes, au prix de revient. Ces animaux furent ensuite expédiés à un endroit approprié, près de Fort Smith, sur la rivière Slave, dans le voisinage de la frontière septentrionale de l'Alberta. Ils furent placés pendant le voyage sous les soins de deux hommes et de trois chiens bergers, avec suffisamment de fourrage de mousse pendant le trajet de Terre-Neuve au Nord-Ouest.

"On ne put point faire un choix de temps de l'année pour effectuer le transport de ces animaux. Il ne fallait pas songer à les expédier en été à cause des chaleurs; ni en hiver, à moins de leur mettre en réserve une provision de mousse à Edmonton, vu que les rivières sont gelées, et qu'en conséquence il aurait fallu les garder en cet endroit; ni au printemps, c'est le temps de la mise bas; il ne restait donc que quelques jours entre la fin de l'été et le commencement de l'hiver sur les rivières du nord.

"Il fut alors décidé que le ministère de la Marine et des Pêcheries fournirait un de ses steamers qui se rendrait à St. Anthony, au commencement de septembre 1911, et reviendrait de là à Québec; de ce point, les caribous seraient transportés à Edmonton, par chemin de fer. Si le bateau s'était rendu directement à Québec, il est probable que peu de ces animaux auraient péri, mais on stoppa pour prendre une cargaison de gypse en poudre. Cette poussière nuisit beaucoup aux caribous: quatre moururent, avant d'arriver à Québec; cinq autres succombèrent entre Québec et Edmonton. La cause de ces pertes est certainement l'introduction de cette poussière de gypse dans les poumons de ces animaux.

"Ce ne fut pas chose facile que de transborder les caribous à Québec; on y parvint cependant, et le reste du trajet s'accomplit rapidement jusqu'à Edmonton, et de là jusqu'à soixante milles plus loin. Les animaux s'y rendirent en bon état.

"Depuis cet endroit jusqu'à Athabaska Landing, une distance de plus de cinquante milles, les caribous furent transportés sur des charrettes; ils furent ensuite placés sur des bacs pour le voyage à Fort

Smith. Cette partie du trajet fut des plus difficiles. Les bacs, embarrassés par les glaces, n'avançaient qu'à une extrême lenteur. Finalement, il fut impossible d'atteindre Fort Smith: on décida de débarquer les caribous à un endroit situé à soixante-dix milles du fort. La mousse était abondante; les animaux hivernèrent là jusqu'au printemps. Le 20 mai 1912, ils arrivèrent enfin à Fort Smith. Il en mourut 19 pendant le voyage.

« Le reste du troupeau hiverna en bon état. Le berger en chef avait choisi un emplacement approprié à l'ouest de Fort Smith; c'était une pointe de terre s'avançant dans un lac situé au sud du grand lac de l'Esclave. La mousse à caribous est très abondante en cette localité, qui semble offrir tous les avantages désirables au confort de ces animaux. Cependant les moustiques, pendant l'été, les ont tellement harcelés, qu'ils ont pris la fuite; et, d'après les derniers rapports reçus, tous n'ont pas encore été retrouvés.

« On a choisi un nouveau terrain d'élevage de chevreuils sur une grande île du grand lac de l'Esclave, et l'on se propose d'y transporter le reste du troupeau de caribous, au printemps.

« En tenant compte des difficultés de transport, les pertes ont été encore comparativement légères. Mais on ne réussira pas à les élever avec avantage, avant que l'on ait pu les empêcher de fuir lorsqu'ils sont tourmentés par les moustiques. S'ils continuent à progresser pendant une autre année, il conviendrait d'augmenter leur nombre par un autre envoi.»

ORIGNAL

Autrefois l'orignal d'Europe était un animal domestique; il rendait de grands services comme bête de trait, dans les régions froides du nord. On rapporte qu'un de ces animaux, attelé à un traîneau, parcourut une fois 234 milles en un jour. Pour diverses raisons—la principale étant l'évasion des exilés en Sibérie, grâce à cet animal—il fut décrété qu'il serait illégal de garder des orignaux à l'état domestique en Russie. Si ce décret n'eût été mis en vigueur, il se peut que cet animal aurait rendu d'immenses services dans les pays du Nord. Il y a lieu d'espérer que l'on pourra domestiquer un jour l'orignal canadien, qui est d'une plus forte taille et d'une force supérieure, et en faire un animal précieux. On cite plusieurs cas d'orignaux attelés comme bêtes de trait dès la première génération, après leur sortie de l'état sauvage. Il faut ajouter, cependant, que l'on n'a pas encore élevé les orignaux en captivité.

IV. Préparation des Peaux pour la Manufacture

On appelle animaux à fourrures les mammifères dont la peau est couverte d'un duvet court, fin et soyeux, parsemé et surmonté de poils généralement plus longs, que l'on appelle poils supérieurs, poils de protection ou jarres. A l'approche de l'hiver, la couche de duvet s'épaissit et les jarres s'allongent pour protéger l'animal contre le froid. C'est pourquoi, les peaux des animaux abattus l'hiver, ou lorsque la fourrure est de saison, ont plus de prix que celles de ces mêmes animaux tués au cours de saisons plus chaudes.

Peau d'un Animal à Fourrure

Quand la peau est hors saison, le pelage est d'une nuance bleuâtre du côté de la chair, le long du dos et des flancs; quand elle est de saison, elle est blanchâtre ou crème. Un fourreur expert peut, en examinant la peau et les jarres, savoir en quelle saison a été abattu l'animal. Il faut capturer les animaux à fourrures quand le poil de leur livrée est de saison, car alors il est plus épais et plus lourd, et ne s'épile pas comme lorsque les animaux ont été abattus hors saison. Il importe aussi de prendre les peaux dès le commencement de l'hiver, ou dès qu'elles sont de saison, c'est-à-dire vers le 1er décembre. A cette date, le pelage a meilleure couleur et est moins usé. Dans l'île du Prince-Edouard, où l'hiver ne commence guère avant Noël, on abat le renard pendant la dernière semaine de décembre. La fourrure de la plupart des animaux est de saison vers la dernière partie de novembre.

La fourrure, ou le duvet, par opposition aux jarres, est composée de filaments moëlleux, soyeux, doux, frisés. Ce duvet est ordinairement court et touffu, et les parties les plus rapprochées de la peau sont moins foncées. Il est barbelé dans le sens de la longueur et se prête bien au feutrage, qualité que ne possèdent pas à un si haut degré la laine et la soie, qui s'adaptent mieux au filage et au tissage. Quand une peau est de saison, on ne distingue le duvet qu'en soufflant sur les jarres; on peut alors voir qu'il est moins coloré. Si l'on savait également qu'une peau qui n'a pas été teinte est blanchâtre, et que le duvet, près de la peau, est marron ou bleu pâle, il ne serait pas si facile de vendre des pelleteries teintes à la place de 'naturelles'.

Les jarres sont droits, doux au toucher, et comparativement rigides. Ils sont éparpillés sur toute la peau de l'animal vivant, et empêchent le pelage de se feutrer. C'est une protection contre le froid, les intempéries et les coups. Le renard qui vit en plein air, exposé aux rigueurs du froid, est protégé par ces jarres serrés, dont la longueur atteint quelque fois six pouces. De son immense queue il s'abrite les pieds et le museau, quand il se couche. C'est aux jarres qu'une fourrure doit sa beauté. C'est à ces jarres noirs et soyeux ou poils supérieurs argent foncé que le renard argenté doit son prix qui surpasse des centaines de fois celui de son frère entièrement rouge. Les jarres de certains animaux, tels que le castor et la loutre sont moins estimés que le duvet seul. On les arrache et les fourrures manufacturées sont habituellement épilées.

Abatage

Quand on se propose de mettre à mort un animal, on l'engraisse le mieux possible, et on le loge de manière à protéger les jarres. L'abatage ne présente pas de difficulté, mais il faut que l'opération se fasse sans épeurer les autres animaux en élevage. C'est pour cela qu'en automne il conviendrait de les conduire aux enclos abattoirs. On tue généralement le renard en lui écrasant les côtes avec le pied; le poids d'un homme appliqué sur la partie du corps qui suit les pattes antérieures suffit; on peut aussi enfoncer la tête dans les épaules jusqu'à rupture du cou.* L'ondatra, dont il faut éviter la puanteur, demande des précautions *sui generis*. Cependant, on réussit à le sortir de son enclos à l'aide d'un piège de fer emmanché à l'extrémité d'une longue perche. On le tue alors en dehors de son enclos avec un bâton. Si l'on craint une décharge de sa suffocante odeur, on peut le noyer dans une cuve remplie d'eau.

Ecorchement et Dégraissage

On lève la peau de deux manières. Quelquefois elle est fendue sous le ventre, à l'instar de celle du mouton, et on l'étend ouverte ou à plat; d'autres fois on pratique une incision aux jambes postérieures, qui est prolongée jusqu'à l'anus, la peau est ensuite repliée sur elle-même et tirée d'un bout à l'autre du corps. Elle est alors étirée au moyen de deux planchettes entre lesquelles on glisse un coin; on dit alors qu'elle est "coincée". Les méthodes des chasseurs canadiens sont les suivantes:

On *coince*—les peaux des renards, des martres, des pékans, des belettes, des loutres, des mouffettes, des lynx, des chats, des ondatras.

On *coince ou l'on étend à plat*—celles des ratons laveurs et des chats sauvages.

On *étend à plat*—celles des gloutons, des blaireaux, des castors, des loups, des ours.

La manière de lever une peau coincée est bien décrite par le *Fur News Magazine*, savoir:

---

* Voir page 54.

"Fendre la peau aux deux pattes postérieures, en dessous, depuis le talon jusqu'à l'anus; arracher la peau des jambes jusqu'aux pieds; quand c'est un vison, lever la peau des orteils et laisser ceux-ci, ainsi que les griffes, sur la peau; lever la peau autour de la queue et laisser la queue sur le dos de la peau, et quand l'os de la queue aura été découvert à la base, le sairsir avec l'index et le sortir de la queue. Si l'os est difficile à arracher, prendre un morceau de bois fendu et le saisir avec les deux parties formant étau, et ainsi l'écorchement pourra se faire sans difficulté.

"Maintenant retourner la peau et l'enlever soigneusement du corps. Se servir d'un couteau au commencement, si elle ne se décole pas facilement, mais avoir soin de ne pas la percer. Faire en sorte qu'il ne reste ni graisse ni gras sur le cuir. Quand on arrive aux pattes antérieures, décoler la peau autour d'elles, près du corps, ensuite les sortir de la peau—les tourner ensuite à l'envers. Si c'est un vison, lever la peau des pattes jusqu'aux griffes et garder celles-ci attachées à la peau; quant aux autres animaux, couper les pattes aux premières jointures. Lever soigneusement la peau autour de la tête, et en sortir celle-ci jusqu'aux oreilles, que l'on coupe aussi près que possible du crâne, pour qu'elles restent attachées à la peau; lever ensuite la peau autour des yeux, en gardant les sourcils, procéder soigneusement quand on arrive à la bouche et au museau. Ne pas arracher la peau de la tête, mais la lever avec soin, car la tête sert à la préparation de certaines pelleteries, et toutes les peaux ont une meilleure apparence, si la tête a été dégagée proprement."

Les mouffettes et les ratons laveurs sont difficiles à écorcher. Ils engraissent l'automne et se retirent en leurs terriers, quand vient l'hiver. Il faut donc, avant les froids, séparer des reproducteurs les sujets que l'on veut tuer, autrement on ne pourrait les prendre sans déranger les nids. La peau une fois levée, est recouverte d'une couche de graisse qu'il faut enlever, sinon la peau s'échauffera et se décomposera. On garde la graisse de mouffette et on la convertit en huile. Lorsque ces peaux sont expédiées en ballots, la graisse qui y adhère peut endommager les autres fourrures. Elles devraient être emballées dans de la toile à voile, et à part des autres pelleteries, à cause de leur puanteur.

Pour les écharner, on se sert d'un courteau émoussé ou d'un écharnoir. On les racle en les frottant sur une râpe à saillies douces, dont une extrémité repose dans un bassin à graisse, et l'autre s'appuie

COMMISSION OF CONSERVATION

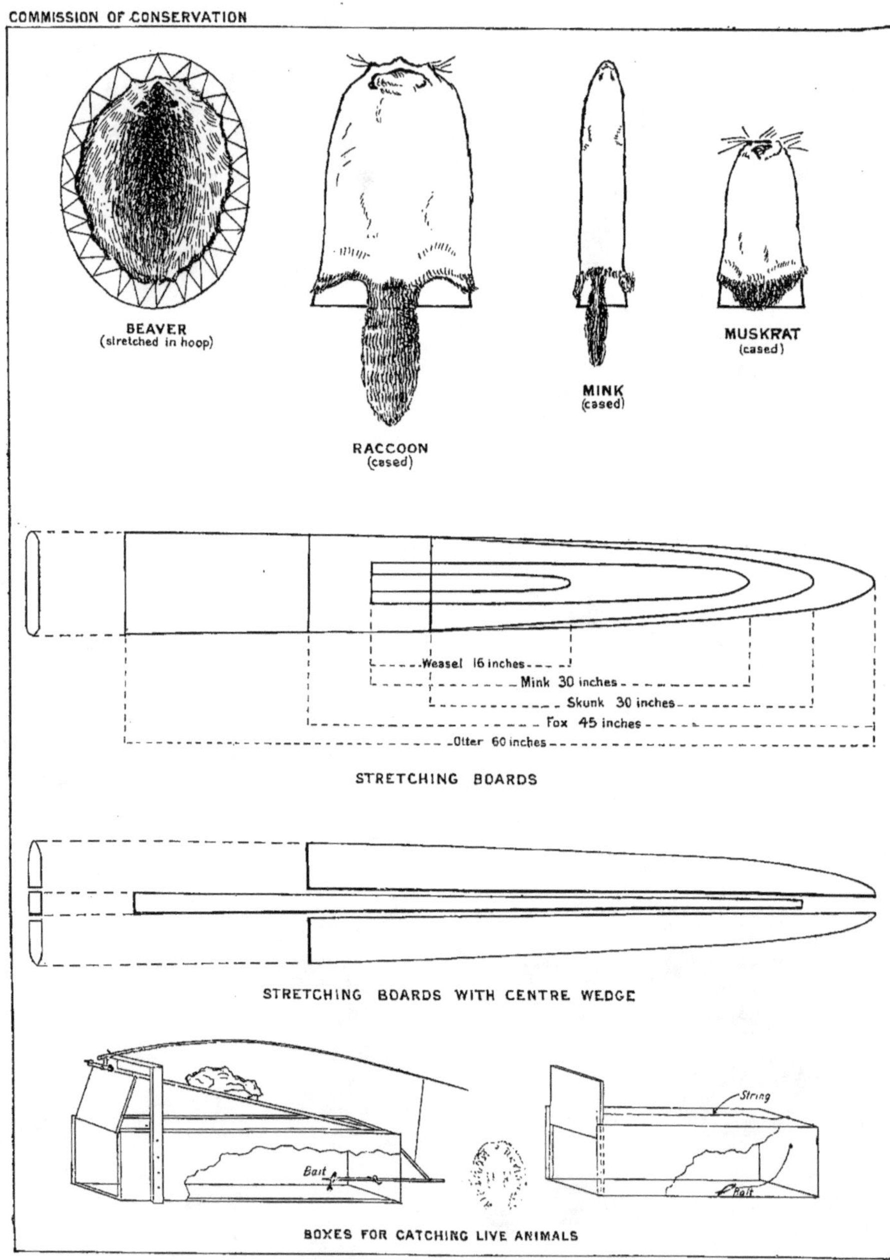

STRETCHING BOARDS

STRETCHING BOARDS WITH CENTRE WEDGE

BOXES FOR CATCHING LIVE ANIMALS

contre la poitrine du racleur; la graisse est refoulée vers la queue. Il ne faut pas pousser trop loin le frottage, il suffit d'enlever la graisse et les écharnures; la queue sera un embarras, si elle n'a pas été préalablement fendue et raclée. On y introduit quelquefois un peu de sel, pour en empêcher la décomposition; mais il ne faut jamais appliquer du sel, ni aucun autre préservatif, sur une autre partie quelconque de la peau. On pratique parfois une ouverture à l'extrémité de la queue, pour établir la circulation de l'air et égoutter la graisse.

L'écorchement à peau fendue ou ouverte, ne présente pas de difficulté. On coupe les pattes aux premières jointures, et la peau est fendue en dedans, jusqu'à l'incision qui part de la mâchoire inférieure et se rend jusqu'à l'anus, en passant sous le ventre; on fend la queue d'un bout à l'autre pour en sortir les os.

Etirage

Les peaux coincées sont étirées sur une planche en forme de coin; les côtés de la peau suivent les rebords de la planche, le dos étant appliqué sur une des surfaces et le ventre sur l'autre. Toutes les peaux sont vendues, poil en dedans, excepté celle du renard, dont on tourne la fourrure en dehors après une journée de séchage, lorsque les pattes antérieures sont encore flexibles. Les peaux devraient être séchées par la chaleur naturelle, et placées pour cela dans un endroit sec et à l'abri des rayons du soleil. Les peaux de castors sont étendues à l'intérieur d'un cerceau elliptique fait avec des plançons; elles sont attachées au cerceau avec de la ficelle nouée à la peau, à deux pouces d'intervalle. Les peaux d'ours sont aussi attachées de la sorte, à l'intérieur d'un bâti rectangulaire fait de petites baguettes. Celles des ratons laveurs sont clouées sur un mur ou une planche, et tendues en forme de rectangle. On les fixe avec des broquettes en cuivre ou avec des clous, à deux pouces d'intervalle.

Les queues de loutres sont toujours fendues et étendues en les clouant à la planche d'étirage.

Planches d'Etirage

Les planches d'étirage sont faites de bois mou, tel que pin blanc, dont on peut retirer facilement les clous qui y ont été plantés. L'épaisseur, quand il s'agit de petits animaux, devrait être d'environ trois huitièmes de pouce, et de cinq huitièmes ou trois quarts de pouces, quand il faut y étendre des peaux de grands animaux tels que les loutres et les renards. Les bords devraient être arrondis. Il est quelquefois utile d'y insérer des coins, pour la circulation de l'air à l'intérieur. Quelquefois on s'est servi d'un fil de fer pour étendre une peau d'ondatra.

Les peaux le mieux étendues sont celles qui ont été légèrement étirées. Il faut bander modérément les peaux de visons et de martre, de manière que les lignes des côtés convergent légèrement. Une planche d'étirage peut être formée de deux pièces, entre lesquelles on fait glisser un coin.

Préparation des Peaux pour le Marché

Les fourrures de prix sont enveloppées dans de la mousseline et expédiées à destination par les messageries. Quand elles sont ainsi envoyées, il faut exiger de l'agent un récépissé pour la valeur totale, afin d'obtenir indemnité, advenant une perte. Ne pas rouler les fourrures quand elles sont emballées, mais les mettre à plat et les coudre proprement dans de la toile imperméable, après les avoir entourées de papier. Etiqueter l'emballage à l'intérieur et à l'extérieur, afin d'assurer l'identification: il faut emballer les fourrures à sec et les conserver en cet état.

Si toutes les fourrure provenant du Canada étaient de saison et convenablement étirées, séchées et emballées, leur valeur serait accrue de plusieurs millions. Environ cinquante pour cent des pelleteries de quelques espèces sont bleues ou molles, ou partiellement épilées. La rivalité qui règne entre les trappeurs a pour résultat la production de peaux de plus en plus bleues, qui ne peuvent être classées au-dessus du grade No. 2. On rendrait un immense service au commerce des fourrures, en interdissant l'abatage des animaux quand leurs fourrures ne sont pas de saison. Il est probable, cependant, que seule la possession personnelle des animaux à fourrures sera de nature à améliorer la qualité de cette industrie et à mettre sur le marché des fourrures dont approximativement 100 pour cent seront de saison.

La Teinture des Fourrures

Toute la pelleterie de phoques ou de moutons de Perse est soumise aux procédés de teinture. Le poil du phoque, après l'enlèvement des jarres, est de couleur marron, mais les teinturiers experts anglais lui donnent une nuance brun foncé. Comme les Allemands excellent à donner à la fourrure une couleur fixe, tout en conservant à la peau sa souplesse naturelle, les peaux de moutons de Perse sont, pour la plupart, teintes en Allemagne. Les Français imitent avec une rare habileté la couleur de la zibeline. Dernièrement, les Allemands ont créé un grand commerce de 'renard moucheté'. Le procédé consiste à prendre une peau de renard ordinaire, à la teindre en noir, et à y planter ensuite des poils blancs. Les articles allemands teints conservent leur couleur. Les teinturiers d'Amérique cherchent à les imiter; ils teignent les poils de blaireau avec de la teinture noire ordinaire, additionnée de colle forte. Quelques mois après, la différence de la qualité de teinture est très visible. La teinture des phoques par les Anglais et celle des moutons de Perse par les Allemands resteront probablement à l'état de secret commercial.

La préparation et la teinture de la pelleterie, au Canada, sont exécutées, pour ainsi dire, entièrement, par une seule compagnie: celle-ci teint environ 2,000,000 de peaux par année. La plupart de ses ouvriers sont des anglais, des allemands et autres européens, qui ont fait leur apprentissage en Europe. La préparation et la teinture des pelleteries progressent en Amérique, et l'on constate une baisse dans l'exportation de fourrures en Europe pour les faire teindre.

Couleurs Naturelles Estimées

Pour avoir du prix, les couleurs naturelles doivent posséder certaines qualités. L'hermine blanc pur est plus précieuse que celle qui est blanc crème. Parmi les fourrures blanches, les plus pures sont les plus recherchées, et, parmi les noires, les plus touffues. Le brun déplait chez le renard argenté (c'est pourtant la nuance qui domine dans la plupart des régions) ; on aime, au contraire, un bleu ardoise. Du reste, presque tout le monde admet que le bleu ardoise a la préférence sur le roussâtre ou le brunâtre. C'est la teinte brune de la martre qui fait qu'elle est moins recherchée que la zibeline de Russie, dont la robe est bleu foncé. On se rendra facilement compte que les peaux brunes et rousses sont plus nombreuses que les autres sur le marché, puisque la plupart des peaux 'molles' sont brunâtres, quelque bleu foncé ou bleu brun ou bleu gris qu'elles aient été une fois de saison.

Préparation des Pelleteries

La science moderne de la préparation et de la teinture des fourrures a fait presque oublier les méthodes d'autrefois, surtout quant aux qualités tinctoriales et au fini. Toutefois, sous le rapport de la souplesse et de la durabilité à donner au cuir, rien ne peut égaler les méthodes dont se servaient les indigènes de l'Amérique et les Kaffois de l'Afrique.

Méthodes plus Anciennes

Les anciennes méthodes en usage pour la préparation des pelleteries, avant l'invention des machines, consistaient à "plonger les peaux dans un bain d'alcali; une fois assouplies, elles étaient encuvées, rasées au moyen d'un grand couteau, et placées dans une position verticale; elles étaient ensuite soumises au graissage et déposées dans une grande cuve où elles étaient foulées par des hommes à demi nus; la chaleur de leurs corps avait pour effet d'assouplir le cuir; ces peaux étaient alors battues et finies".

Méthodes Modernes

Les méthodes modernes de préparation et de teinture sont bien différentes. Le travail est exécuté dans de grands ateliers où un expert dirige le tout, et où le foulage et le battage sont exécutés à la machine. Ces inventions ont rendu possible l'emploi de peaux plus communes et moins estimées, qui subissent plusieurs traitements en cours de préparation. Avant d'être livrées aux fourreurs, elles sont rayonnées, grattées, foulées, baignées, écharnées, tannées, séchées, roulées, graissées, battues, roulées avec du bran de scie, teintes, encagées, ébarbées et rognées. Les machines exécutent la plus grande partie de ce travail. Le grand nombre de peaux préparées en même temps fait que le travail est uniforme et moins coûteux par pièce que celui qui s'effectuait jadis avec les pieds et les mains.

Appareils en Usage

En plus de la machine et du moteur qui fournissent l'énergie mécanique, les appareils suivants sont en usage:

Des cuves de lavage, faites en treillis métallique et tournant dans un réservoir rempli d'eau;

Des essoreuses, qui tournent très rapidement et qui débarrassent les peaux de leur humidité;

Des nettoyeuses, qui, au moyen d'un système aspirateur, dépouillent les peaux du bran de scie ou de l'amidon;

Des polissoirs, qui roulent les peaux dans du bran de scie pour polir le duvet et les jarres;

Des récipients en bois, pour teindre;

Des cylindres en pierre, pour le rayonnage;

Une bastonneuse, pour battre les peaux;

Une machine à coudre, disposée de manière à joindre les fourrures;

Une tondeuse, pour tailler et niveler le duvet.

Il y a aussi des séchoirs dans lesquels on entretient constamment une circulation d'air au moyen d'évantails rotatifs, et plusieurs autres outils pour travail exécuté à la main, tels que couteaux à écharner, cuve à fouler, couteaux, peignes, planches à étirer, etc.

Comme les traitements sont si différents, il est impossible d'énumérer toutes les opérations que l'on fait subir à une peau. Ainsi, la martre qui a une peau tendre, doit subir un traitement spécial. Les fourrures de visons et de renards sont généralement traitées, dans les établissements de pelleteries au Canada, de la manière suivante:

Renard	Vison
Battues	Battues
Humectées avec du bran de scie humide	Trempées pour amolir la tête
Echarnées	Echarnées
Côté cuir arrosé d'eau salée	Chair marinée
Séchées	Séchées
Foulées aux pieds en cuve	Passées au bran de scie
Beurrées ou graissées	Graissées et battues
Encuvées	Etirées
Nettoyées avec du bran de scie	Passées au bran de scie
Séchées	Etirées et battues
Polies au bran de scie.	Teintes

Le Procédé des Ateliers*

"Les fourreurs commencent par humecter les peaux, du côté de la chair, avec de l'eau salée, et ils les laissent ainsi tramper une nuit entière, afin de les ramollir. Le lendemain matin, elles sont placées dans un fouloir où elles sont foulées pendant huit ou dix heures. L'appareil foule environ 2,000 peaux à la fois.

"Les peaux sont ensuite recouvertes d'un mélange de bran de scie et d'eau salée, et elles sont laissées en cet état toute une nuit. Le lendemain matin, elles sont ouvertes d'un bout à l'autre sur le devant, puis écharnées; un seul homme peut en écharner de 200 à 300 par jour; elles sont ensuite étirées et pendues pour sécher. Une fois bien sèches, elles sont de nouveau humectées sur le côté de la chair, et laissées ainsi toute une nuit. Après cela on les brosse sur le côté de la chair avec de la graisse, du beurre ou de l'huile de poisson et du suif, et on les assemble deux à deux, poil en dehors. Lorsqu'elles ont passé une nuit en cet état, elles sont placées dans un fouloir, où elles sont foulées durant six ou huit heures, ou jusqu'à ce qu'elles soient devenues molles et souples; elles sont alors étirées en tous sens.

"On procède ensuite au nettoyage. Les peaux, au nombre de 300 à 400, sont placées avec du bran de scie dans des cuves ovales rotatives, exposées à une vapeur chaude. Cette opération est continuée durant trois heures, après quoi, le bran de scie aura absorbé toutes les matières grasses. Les peaux sont ensuite passées dans un tambour où elles sont battues pendant deux ou trois heures. Après cela, elles sont battues avec des rotins, et la fourrure est nettoyée au peigne. Les peaux plus lourdes sont écharnées plus fortement; on termine ainsi la préparation de la mojorité des peaux."

*Résumé du rapport de Chas. H. Stevenson, publié dans celui de la Commission du poisson et des pêcheries des Etats-Unis, en l'année 1902.

Chaleur et Poids des Fourrures

Les fourrures bien préparées fournissent, à minimum de poids, un maximum de chaleur, et leur souplesse est une autre qualité qui les rend aptes à doubler des vêtements. Les plus chauds vêtements de matériaux manufacturés sont confectionnés avec du drap épais qui, bien que chaudement doublé, ne donne que les deux tiers de protection contre le froid, comparativement aux fourrures; ces sortes de vêtements pèsent cependant au moins quatre onces de plus que le raton laveur par pied carré. Le tableau qui suit donne un calcul approximatif du poids et de la durabilité des fourrures, poil en dehors, employées comme vêtements.

COMPARAISON DE DURABILITE ET DES POIDS DES FOURRURES

	Points de Durabilité	Poids en Onces par Pouce Car
Fourrures de Prix—Type Loutre Marine		
Loutre marine	100	4¼
Phoque	75	3
Zibeline	60	2½
Renard Argenté ou Noir	40	3
Hermine	25	1¼
Chinchilla	15	1½
Fourrures moins Précieuses— Type Loutre Naturelle		
Loutre (naturelle)	100	4
Loutre (épilée)	95	3 15/16
Castor (tondu)	90	4
Castor (épilé)	85	3 15/16
Raton laveur	75	4½
Mouffette	70	2¾
Vison	70	3¼
Mouton de Perse	65	3¼
Marte (naturelle)	65	2¾
Zibeline	55	2½
Marte des rochers	40	2¾
Renards du Nord (naturel)	40	3
Ondatra (naturel)	37	3¼
Opossum	37	3
Ondatra (épilé, tondu et teiut)	33	3¼
Coïpou	27	3¼
Lynx (naturel)	25	2¾
Ecureuil	25	1¾
Renards (teint en noir)	25	3
Lynx (teint en noir)	20	2¾
Renard (teint en bleu)	20	3
Broadtail (agneau persan mort-né)	15	2¼
Marmote (teinte)	10	3
Moleskine	7	1¾
Lièvre	5	1¾
Lapin	5	2¼

V. Le Commerce des Fourrures Vertes

LES fourrures vertes de l'Amérique sont achetées ordinairement par de grandes compagnies, qui ont fait des arrangements spéciaux pour les recevoir des trappeurs. Les principales compagnies au Canada sont la compagnie de la Baie d'Hudson et les Révillon Frères, et au Labrador, la *Harmony Company.* Au cours des dix dernières années, le marché aux fourrures a subi des changements; la plupart des pelleteries, surtout les plus estimées, sont expédiées directement à Londres ou à des maisons américaines. En Europe, les principaux marchés aux fourrures sont les villes suivantes:

Ville	Temps des Foires
Francfort-sur-l'Oder	en décembre
Irbit, Sibérie	en août
Leipzig, Allemagne	à Pâques
Nijni-Novgorod, Russie	en février
Ishim, Sibérie	en janvier

Plusieurs peaux, surtout les plus estimées, sont, en dernier lieu, offertes en vente à Londres, où sont écoulées les plus précieuses fourrures du monde. Cependant, depuis quelques années, l'Allemagne et les Etats-Unis ont fait l'acquisition d'une grande partie de ces pelleteries.

Qualités des Pelleteries

Le total des ventes de Londres sert généralement de base à l'évaluation de la qualité des fourrures dont disposent les marchés du monde. Thorer calcule que, du nombre des peaux vertes non vendues habituellement à Londres, tels que les moutons de Perse, les (broadtails) et les Karakules, Leipzig reçoit à lui seul 2,900,000. Un rapport du consulat des Etats-Unis, en 1911, assure que la Russie produit annuellement 4,525,000 écureuils, dont les peaux vertes sont évaluées à $2,000,000. La Russie a fourni vingt et une tonnes de queues d'écureuils, évaluées à $5.50 la livre. Vu la popularité croissante dont jouit le rat musqué (ondatra) ou le 'phoque de la Baie d'Hudson', l'usage de cette peau s'est répandu extraordinairement et les ventes anuelles dépassent le chiffre de 9,000,000; Londres en vend 6,000,000, Leipzig 1,000,000 et l'Amérique en garde 2,000,000. La Russie produit annuellement 200,000 peaux d'hermines, évaluées à $350,000. On importe annuellement environ 83,000,000 de peaux de lapins en Grande-Bretagne, et l'Australie convertit en feutre d'immenses quantités de fourrures.

Centre du Commerce des Fourrures

La ville de Leipzig est celle qui prépare et manufacture le plus de fourrures. Elle importe des peaux vertes de toutes les parties du monde, et principalement des entrepôts de Londres, de Moscou et de la foire de Nijni-Novgorod. Moscou est le plus grand centre des fourrures de Russie et d'Asie, New York, St-Louis et Montréal sont aussi des marchés importants, qui construisent rapidement des ateliers de préparation et de teinture de fourrures. Londres est le plus grand marché du monde; ses préparations, ses teintures et sa fabrication de fourrures sont encore d'une grande importance.

Le Marché à Fourrures de Londres

Les Ventes aux Enchères à Londres

Plusieurs pelleteries sont manufacturées et vendues au pays d'origine, mais la plus grande partie des fourrures de première qualité est vendue à Londres. Ces ventes ont lieu en juin, octobre, janvier et mars; mais la plupart des peaux sont écoulées aux ventes d'hiver, principalement à celles de mars, qui attirent des acheteurs de toutes les parties du monde. Ce sont des courtiers à prime qui font les achats d'une grande partie des pelleteries. Les ventes de la compagnie de la Baie d'Hudson commencent la série, et comme tout est vendu, on peut connaître l'état du marché. Les principales maisons de commerce américaines qui font la vente de fourrures sont celles de MM. C. M. Lampson & Cie.; A. et W. Nesbitt, Frederick Huth & Cie., et Henry Kiver & Cie.

VENTE DE FOURRURES A LONDRES PENDANT L'ANNEE CLOSE LE 31 MARS 1906

Dimensions en pcs.	Espèce de Fourrures	No. des Peaux	Dimensions en pcs.	Espèce de Fourrures	No. des Peaux
24 x 12	Blaireau	28,634	27 x 13	Agneau, Tibet	794,130
	" Japonais	6,026		Léopard	3,574
72 x 36	Ours	18,576	45 x 20	Lynx	88,822
36 x 24	Castor	80,514	18 x 12	Marmotte, doublure et peaux	1,600,600
9 x 4½	Chat, civette	157,915	16 x 5	Marte, Baum	4,573
18 x 9	" domestique	126,703	16 x 5	" Japonaise	16,461
30 x 15	" sauvage	32,253	16 x 5	" de rocher	12,939
9 x 4	Chinchilla, bâtard	43,578	16 x 5	Vison, Americain	299,254
12 x 7	" 1ère qualité	5,603		" Japonais	360,373
	Cerf, Chinois	124,355	30 x 15	Mouflon	23,594
12 x 2½	Hermine	40,641	12 x 8	Ondatra, brun	5,126,339
30 x 12	Pékan	5,949		" noir	41,788
12 x 3	Putois	77,578	20 x 12	Coïpou	82,474
20 x 7	Renard, Bleu	1,893	18 x 10	Opossum, Americain	902,065
24 x 8	" Croisé	10,276	16 x 8	" Australien	4,161,685
27 x 10	" Gris	59,561		Loutre, terrestre	21,235
	" Japonais	81,429	50 x 25	" marine	522
	" Nain	4,023	20 x 12	Raton	310,712
24 x 8	" Rouge	158,961	17 x 5	Zibeline, Americaine	97,282
24 x 8	" Argenté	2,510	14 x 4½	" Japonaise	556
20 x 7	" Blanc	27,463	15 x 5	" Russie	26,399
	Chèvres, Chinoises	261,190	40 x 20	Phoque, fourrure	77,000
				" poil	31,943
24 x 9	Lièvres	41,256	15 x 8	Mouffette	1,068,408
	Kangaroo	7,115	10 x 5	Ecureuil	194,596
				" doublures	1,982,736
	Chevreau, doublures et peaux	5,080,047		Tigre	392
12 x 2¼	Kolinsky	114,251		Wallaby	60,956
	Agneaux, doublures et peaux	214,072	50 x 25	Loup	56,642
	Agneau, avorton	167,372	16 x 18	Glouton	1,726
			20 x 12	Wombat	193,625

Note—Les fourrures de moutons de Perse, d'astracan et d'écureuils de Russie sont vendues et manufacturées en Russie et en Allemagne.

Un rapport fait à son gouvernement à Washington, au printemps de 1911, par l'agent de commerce des Etats-Unis à Londres, M. J. D. Whelpley, et publié par le Bureau des manufactures du ministère du Commerce et du Travail, renferme beaucoup de renseignements sur le commerce des fourrures à Londres. Ce qui suit en est un extrait:

" Londres est le marché aux fourrures du monde, et les prix payés à ces fameuses ventes aux enchères servent de base à ceux du monde entier. Toutes les fourrures réunies pendant l'année sont vendues à l'une ou à l'autre de ces cinq ventes aux enchères. La première a lieu en janvier, la deuxième en mars (la plus grande et la plus importante de beaucoup), la troisième en juin, et la quatrième en octobre. En décembre se fait la vente annuelle des phoques; à cette vente sont écoulées presque toutes les fourrures de phoques importées pendant les 12 mois. La vente des fourrures sur un seul marché a ses avantages, surtout pour les vendeurs. Vu qu'il existe tant d'intérêts divers, qui représentent pratiquement tous les pays du monde, il est absolument impossible de former un 'cercle' d'acheteurs comme cela se ferait, si les fourrures étaient vendues sur un marché plus restreint. C'est probablement ce qui explique le fait que l'on expédie des fourrures à grands frais, par terre et par eau, sur des milliers de milles, pour être vendues à Londres, et qui sont renvoyées en fin de compte, à des endroits situés peut-être à quelques milles des lieux où elles ont été prises.

"Autrefois, les marchands détailleurs étaient les seuls qui achetassent des fourrures à ces grandes enchères. De nos jours, cependant, plusieurs des grands et riches marchands en gros prennent part à ces ventes et tuent ainsi le commerce du détailleur. Ce qui empêche jusqu'à un certain point ces capitalistes de tout accaparer, c'est la question financière. Elles sont rares les maisons qui consentent à enterrer de l'argent pendant le long espace de temps indispensable, si elles achètent directement des encanteurs. Les marchands en gros et les manufacturiers qui achètent au comptant, en janvier ou en mars, sont dans l'obligation d'attendre une année et quelquefois deux, avant de rentrer dans leurs fonds. D'un autre côté, les marchands vendent à crédit à leurs clients, conséquemment, le fardeau de ces derniers n'est pas très lourd.

"Il est excessivement difficile de se renseigner sur le commerce des fourrures à Londres, vu sa nature et la discrétion de ceux qui y sont engagés. Les prix de chaque peau sont si variables que les experts seuls peuvent en connaître la hausse ou la baisse, et encore d'une manière approximative et par des moyennes très générales.

"Nulles données détaillées sur les importations et les exportations anglaises. Le seul moyen d'arriver à la connaissance du chiffre des importations, est de totaliser les ventes. Ce procédé est ardu et aléatoire; car, outre les grandes ventes aux enchères, il se fait plusieurs ventes privées et quelques achats particuliers. Les rapports du commerce anglais au cours de l'année 1910, donnent les chiffres suivants des importations de fourrures brutes: peaux de lapins, 82,327,101, valeur, $3,675,483; peaux de phoques, 333,033, valeur, $1,491,573; et 18,515,682 autres peaux, valeur, $15,390,209. En 1909, quand le total de l'importation des peaux de lapins non préparées s'élevait à 66,135,374, évaluées à $2,548,537, les pays qui en fournirent la plus grande partie sont: l'Allemagne, 39,462; la Belgique, 11,255,772; la France,

3,845,158; l'Australie, 43,442,559; la Nouvelle-Zélande, 7,379,960. Des peaux de phoques vertes, importées en cette année, les Etats-Unis avaient fourni 24,556; la Russie 27,980; la Norvège 60,694; le Japon (y compris Formose), 11,378; le Cap de Bonne Espérance 15,061; Terre-Neuve et le Labrador 126,796; les importations totales s'élevèrent à 288,055 peaux, évaluées à $1,328,219. Les peaux vertes non classifiées formèrent un total de 17,960,661, dont la valeur d'importation fut évaluée à $11,285,180; de ce nombre les Etats-Unis fournirent 6,426,-851; la Russie 750,868; l'Allemagne 3,370,525; la Chine (à l'exclusion de Hong Kong, Macao et Wei-hai-wei), 507,637; le Japon (y compris Formose), 85,692; le Chili 46,558; la France 47,754; l'Australie 5,499,814 et le Canada 987,321. Le nombre de peaux préparées se montait à: lapins, 537,051, valeur $80,098; phoques, 18,608, valeur $490,339, et 4,856,818 autres peaux non classifiées dans les rapports de la douane, mais évaluées à $4,318,688, furent aussi importées au Royaume-Uni, pendant 1909, ainsi que des articles confectionnés de peaux et de fourrures (y compris les tapis de peau) d'une valeur de $5,005,122. Le grand total des importations de fourrures vertes, des préparées et des articles confectionnés de fourrures et de peaux, se montait à $25,056,183..

Concurrence Française

"Depuis quelques années, de puissantes maisons de commerce, entre autres une compagnie française, qui a des succursales à Londres et aux Etats-Unis, et plusieurs maisons américaines de Philadelphie et d'ailleurs, ont acheté leurs fourrures directement des trappeurs, et ne prennent plus aucune part aux ventes à l'enchère de Londres. La maison française est une forte rivale pour la Compagnie de la Baie d'Hudson, même dans les territoires de chasse de celle-ci. Grâce à ses navires, à ses entrepôts situés à la frontière, elle s'efforce de détourner à son profit une portion du commerce canadien. Cette maison fait le commerce du gros et du détail, mais n'organise pas de ventes aux enchères. La Compagnie de la Baie d'Hudson vend toutes ses fourrures aux enchères publiques à Londres, par l'entremise de la maison C. M. Lampson & Cie. Les achats énormes faits par les marchands américains en Sibérie menacent de nullifier entièrement l'importance de la vente des martres de Sibérie aux foires de fourrures en Russie.

"L'Angleterre maintient sa position comme centre de teinture et de préparation des fourrures, en dépit des efforts tentés pour lui ravir sa suprématie mondiale. Les Français surtout lui ont fait une lutte vigoureuse, à un moment donné, et ont réussi à se créer une bonne part de ce genre de commerce. Un des principaux teinturiers me disait, il y a cinq ans, que les Français détenaient environ 25 pour cent des ventes totales, et leurs succès croissants étaient une cause constante d'inquiétude parmi ceux qui sont intéressés à ce commerce en Angleterre. On attribue la supériorité de la main d'œuvre anglaise à diverses causes, notamment à quelques propriétés spécifiques de l'eau en usage, et à certains secrets et méthodes de confection. Cette assertion semble jouir d'un certain degré de véracité, si l'on admet qu'il n'y avait, pendant plusieurs années, qu'un seul homme en Angleterre qui connût l'art de teindre la fourrure du phoque.

Vente de Lampson, 1910

" Le tableau qui suit est un relevé des ventes de Lampson aux mois de mars, juin et octobre 1910. Les prix sont indiqués en livres, shillings et deniers anglais. La valeur de ces dénominations en monnaie américaine est la suivante: $4.86, 24 1-3 cents et 2 cents, respectivement. Les plus hauts et les plus bas prix sont les prix par peau, sauf indication du contraire.

Peaux	Mars			Juin			Octobre		
	Nombre de peaux	Plus haut prix	Plus bas prix	Nombre de peaux	Plus haut prix	Plus bas prix	Nombre de peaux	Plus haut prix	Plus bas prix
		s. d.	*s. d.*		*s. d.*	*s. d.*		*s. d.*	*s. d.*
Blaireau	4,830	22 0	8 0	4,793	19 0	0 3	....	....	....
Ours, noir	4,290	155 0	2 0	1,694	135 0	1 3	2,008	110 0	2 0
Castor	8,768	56 0	20 0	2,353	44 0	7 0	2,719	33 0	8 0
Chat:									
Civette	89,512	3 6	0 10	37,893	2 0	1 2	....	....	....
Domestique	12,473	2 11	0 5	16,261	3 9	0 5	24,235	1 11	0 2
Sauvage	12,466	60 0	0 8	15,499	56 0	0 1	....	....	....
Chinchilla:									
Bâtard	1,820	700 0*a*	105 0*a*	1,825	980 0*a*	200 0*a*	2,995	975 0*a*	100 0*a*
Pur	5,294	780 0*a*	85 0*a*	2,468	400 0*a*	65 0*a*	1,474	600 0*a*	475 0*a*
Hermine	105,985	310 0*b*	24 0*b*	25,005	400 0*b*	40 0*b*	28,560	320 0*b*	190 0*b*
Pékan	679	175 0	8 0	412	90 0	2 0	46	90 0	17 0
Putois	817	5 9	0 3	7,180	6 0	0 7	....	....	....
Renard :									
Bleu	1,800	450 0	13 0	109	280 0	50 0	388	210 0	12 0
Croisé	1,299	120 0	3 0	298	75 0	3 0	161	84 6	7 0
Gris	13,019	18 0	1 0	10,632	8 0	1 2	2,064	7 9	1 6
Japonais	....	....	....	15,224	18 0	1 0	12,210	8 6	0 10
Rouge	28,459	80 0	2 9	14,831	70 0	2 0	12,278	62 0	0 9
Rouge Australien	....	....	....	11,174	10 0	0 4	24,341	11 0	0 1
Blanc	2,697	90 0	10 0	2,561	80 0	3 0	4,221	70 0	3 0
Kangaroo	1,559	2 9	0 7	988	2 3	0 3	....	....	....
Kolinsky	47,172	6 0	1 0	25,710	4 3	0 3	37,934	5 3	0 1½
Lynx	301	165 0	8 0	675	140 0	3 0	872	125 0	6 6
Marte	11,345	180 0	75 0	2,847	130 0	6 0	....	....	....
Baum	775	92 0	12 0	829	80 0	1 0	....	....	....
Japonais	....	....	....	9,373	20 0	3 6	2,247	16 6	6 0
de rocher	2,854	28 0	4 6	2,046	32 0	2 0	1,012	22 0	3 2
Vison	82,987	66 0	0 8	23,460	46 0	0 8	12,513	130 0	3 0
Taupe	169,618	30 0*c*	5 0*c*	....	....	....	308,711	30 0*c*	5 0*c*
Ondatra	651,164	0 64	0 3½	627,440	0 50	0 2½	478,444	0 42	0 34
Noir	14,920	0 58	0 18	14,015	0 50	0 18	12,380	0 41	0 31
Opossum:									
Americain	321,360	4 8	0 0½	77,302	11 0	0 4½	28,982	4 7	0 6
Australien	452,165	21 0	0 10	293,309	16 0	4 0	606,264	11 0	0 4
Loutre	3,868	260 0	56 0	4,992	145 0	3 0	3,600	100 0	3 6
Raton	174,225	31 0	0 3	74,256	23 0	0 2	9,882	19 0	2 3
Zibeline, Russe	6,574	610 0	6 0	1,462	260 0	5 0	1,945	360 0	4 0
Mouffette	362,216	27 0	0 6	146,700	21 0	0 2½	14,620	15 6	0 2
Dos d'écureuils	124,147	190 0*c*	17 0*c*	195,997	210 0*c*	34 0*c*	295,894	150 0*c*	5 0*c*
Wallaby	66,981	8 6	0 3	86,292	6 0	1 0	183,800	7 6	0 1
Loup	22,617	65 0	0 3	17,871	50 0	0 6	3,728	30 0	0 5

a Par douzaine. *b* Par 40 peaux. *c* Par 100.

Autres Ventes

"Aux enchères de mars 1910, 480 peaux de renards argentés furent vendues, le plus haut prix étant £540, et le plus bas £9. En juin, 64 de ces peaux furent mises en vente; les prix se sont maintenus entre £230 et £5; au mois d'octobre, 167 peaux furent vendues, prix entre £150 et £36.

"Les Lampson offrirent à la vente de mars 3,315 peaux de lièvres blancs, dont les prix varièrent entre 5½d. et 4d.; 1,311 peaux de moutons de Perse, prix 23s. à 3s.; 307 peaux de loutres marines, prix £350 à £4; 763 ballots de peaux de lapins de l'Amérique du Nord, prix 8d. à 3d. par livre; 689 pelleteries de phoques (sèches), prix 13s. à 2s. 6d.; 2,124 peaux de phoques avec poil (sèches), prix 6s. 9d. à 1s.; 2,410 peaux de wombat, prix 2s. 11d. à 7d., et 928 peaux de gloutons, prix 46s. à 4s. Aux enchères de juin, 200 peaux d'ours bruns furent vendues entre 90s. et 9s., et 4,100 peaux de marmottes, entre 3s. 1d. et 1s. 9d.

"Aux enchères de décembre 1910, 13,584 peaux d'Alaska ont été mises en vente, au lieu de 14,350 en 1909, prix entre 240s. et 80s., un peu plus bas que l'année précédente. On vendit 12,589 peaux de la côte du nord-ouest, au lieu de 13,972 en 1909, prix moyens légèrement plus élevés en 1910 qu'en l'année précédente, et allant de 168s. à 35s. Les prix des peaux de la mer du Sud étaient de 10 pour cent plus bas; en 1910, il en fut vendu 1,060, comparativement à 2,086 en 1909, prix 182s. pour les plus estimées, et 78s. pour les qualités inférieures. En 1910, les peaux de Cap Horn ne furent que de 213, au lieu de 912 en 1909, mais les prix, 58s. à 38s. étaient de 25 pour cent plus élevés.

"Il importe de ne pas perdre de vue que l'évaluation des fourrures dépend tant de la taille, état, couleur, âge, région, etc., qu'une simple liste des prix n'est pas une indication absolue des fluctuations de la valeur des peaux à la salle des enchères."

Prix des Peaux des Renards Argentés

Production Annuelle

Emil Brass, agent de commerce allemand qui, pendant trente-cinq années s'est occupé à recueillir des données sur le commerce des fourrures, déclare que le nombre de peaux de renards produites annuellement de 1907 à 1909 était de 2,042,300.

Renard Rouge Commun (*Vulpes vulgaris*)	Peaux de renards rouges	1,515,000
	Peaux de renards croisés	18,000
	Peaux de renards argentés	4,300
Renard Polaire (*Vulpes lagopus*)	Peaux de renards blancs	105,000
	" " bleus	11,000
Renard Nain (*Vulpes velox*)		64,000
Renard Gris (*Urocyon cinerensargentatus*)		50,000

Le renard japonais et quelques milliers de peaux de deux espèces, de l'Amérique du Sud, forment le reste.

Brass évalue la production annuelle des diverses espèces de renards comme il suit:

PEAUX DE RENARDS PRODUITES ANNUELLEMENT

Continent	Renard Rouge Commun			Renard Nain	Renard Gris	Renard Polaire	
	Rouge	Croisé	Argenté			Blanc	Bleu
Amérique	200,000	15,000	4,000	6,000	50,000	30,000	6,000
Europe	775,000					5,000	1,000
Asie	160,000	3,000	300	60,000		70,000	4,000
Australie	30,000						

Classification Géographiques

Les cotes publiées par les acheteurs de fourrures constituent une classification géographique de celles-ci; telles sont les suivantes:

Renard Rouge No 1, Grand: *

Alaska, Nord et Ouest du Canada	$12.00
Terre-Neuve et Labrador	8.50
Minnesota, Wisconsin, Dakota, Missouri, Michigan	7.50
Est du Canada, Michigan, New-York et Etats du Nord-Est.	6.00
Pennsylvanie, New-Jersey, Ohio, Indiana, et Illinois	5.00
Tous les états du Centre et du Sud	3.50
Renard Rouge No 1, Grand: †	
Est du Canada, Nouvelle-Ecosse, Labrador	9.00
Maine, Vermont, Massachusetts, Ontario	8.00
Nord de New-York, Nord du Michigan, Connecticut.	7.00
Nord de la Pennsylvanie, New-York, Central, Michigan Central	6.00
Pennsylvanie centrale, Ohio septentrional, Virginie occidentale, New-York	5.00
Ohio central, Indiana septentrional, Illinois	4.75
Pennsylvanie méridionale, Delaware, Virginie, Caroline septentrionale, Ohio méridional, Kentucky septentrional	4.50
Sud et Sud-Ouest	4.25

***Fur News Magazine*, novembre 1912.

† *Fur Trade Review*, décembre 1912.

Collection de 34 Peaux de Renards Sauvages Argentés, Valant plus de $21,000

Grâce à la classification géographique nous savons que plus on monte vers le nord, ou plus la température est basse, et plus la fourrure a du poids. Le prix du vison baisse rapidement du Labrador à la Floride, le vison de l'Est du Canada, en novembre 1910, était de $7.50 et de $4 en Floride. Une peau qui a du poids, si la couleur est belle, est plus prisée qu'une autre. Le Canada produit les meilleures fourrures du Nouveau Monde, et la Russie les meilleures de l'Ancien Monde.

Il est bien probable que l'on pourra améliorer, par la domestication en des régions plus froides, les fourrures des ratons laveurs, de l'opossum, de la mouffette et d'autres animaux que l'on trouve maintenant dans le nord du Canada. Les animaux élevés en captivité peuvent produire des fourrures aussi touffues que ceux qui vivent en liberté, s'ils sont traités comme ils doivent l'être, et l'on peut les abattre quand la fourrure est de saison.

Prix Moyens des Peaux de Renards Argentés

Les prix moyens des peaux de renards argentés à l'état sauvage et en captivité sont les suivants:

Année	Prix Moyens
1905	$146.59
1906	166.93
1907	157.11
1908	168.91
1909	244.12
1910	414.37
1911	290.01

Les prix moyens élevés, qui ont été payés en 1910 pour les peaux de renards argentés, sont dus à une plus forte demande. Les enclos d'élevage de l'île du Prince-Edouard ont fourni plus de la moitié des peaux vendues £100 et plus.

Aujourd'hui le prix moyen d'une peau de renard, sur les marchés de Londres, est d'environ $200. Celles des meilleurs renards élevés en captivité se vendent jusqu'à $1,200 pièce.

La fourrure des renards argentés à l'état sauvage n'est pas toujours de saison. Les animaux sont souvent tués au fusil, et les peaux mal préparées; ceux, au contraire, qui sont élevés en captivité, sont abattus lorsque la fourrure est dans son meilleur. Le plus haut prix qui ait jamais été payé à Londres pour une peau de renard argenté était de £580. On dit qu'elle fut vendue par une maison de Paris, laquelle l'avait payée £390 à une vente antérieure, et que cette peau provenait d'un renard, élevé en captivité, sur l'île du Prince-Edouard.

Le plus haut prix suivant fut £540, et l'on a vendu une demi-douzaine £500 ou plus: toutes des enclos de l'île du Prince-Edouard. En mars 1912, une vente assez remarquable fut faite: la peau d'un renard qui mourut le 12 octobre 1911, sur la ferme d'élevage de James Rayner, de Kildare, île du Prince-Edouard, fut payée £410, bien qu'elle n'eût pas été dans toute sa maturité avant décembre.

Prix des Peaux dans l'Ile du Prince-Edouard

Il est difficile d'obtenir des données sur les ventes des peaux de renards argentés dans l'île du Prince-Edouard; en général, les éleveurs ne portent pas grande attention aux correspondances et aux statistiques. On prétend que plusieurs rapports ont été perdus, et ceux qui ont été examinés ont fait voir qu'ils avaient séjourné longtemps dans des poches de vêtements. Ce n'est pas non plus facile d'obtenir des preuves documentaires des ventes faites à Londres. On trouvera ci-après les rapports des ventes de Charles Dalton et de J. S. Gordon, pendant l'année 1910:

C. M. LAMPSON & Co.

64 Queen Street,
Londres, E.C., 7 avril 1910

Compte de ventes de Fourrures reçues en consignation pour le compte de C. DALTON, Tignish, Ile du Prince-Edward

C. D.	Quantité	Lot	Peaux			£	s.	d.
Colis		2105	1	Renard		310		
pos-		2106	1	Argenté		530		
taux		2107	1			210		
5 "		2110	1			160		
2 "		2120	1			46		
5 "		2149	1			280		
2 "		2150	1			540		
		2151	1			310		
		2152	2		220	440		
		2153	1			430		
		2166	2		125	250		
		2194	1			340		
		2195	1			340		
		2196	1			200		
		2197	1			370		
		2200	1			165		
		2230	1			500		
		2231	1			270		
		2232	1			200		
		2233	1			280		
		2234	1			290		
		2242	2		210	420		

C. M. LAMPSON & Co.

64 Queen Street,
Londres, E.C., 7 avril 1910

Compte de ventes de Fourrures reçues en consignation pour le compte de J. S. GORDON, Alberton, Ile du Prince-Edward
Vente du 7 avril, 1910.

J.S.G.	Quantité	Lot	Peaux			£	s.	d.
Colis pos-taux		2109	1	Renard,		490		
		2156	1	Argenté		180		
1 "	2		2					
1 "								

La déduction de 2½ pour cent que l'on donne sur les prix de vente, la prime de vente de 6 pour cent, les frais de transport et d'assurance, portent à environ 9 pour cent du prix de vente les dépenses de l'écoulement des fourrures sur le marché de Londres.

On ne peut se procurer aucun renseignement sur les transactions de 1908 et 1909, les statistiques sont perdues. Il a cependant été possible de trouver les données suivantes sur les ventes qui ont été faites entre 1905 et 1912, bien qu'elles ne représentent peut-être pas plus de la moitié des peaux vendues.

VENTES DES PEAUX DE RENARDS ARGENTES DE l' I. P. E. 1905-1912

Année	No. de Peaux	Valeur Totale	Valeur Moyenne
1905	11	$ 5937.33	$ 539.76
1906	8	9733.33	1216.67
1907	28	22892.80	817.60
1910	27	36748.20	1361.05
1911	10	10852.67	1085.27
1912	1	1995.33	1995.33
Total	85	$88159.66	

La moyenne des sept dernières années aurait été probablement un peu moins élevée, si l'on avait pu se procurer les rapports de toutes les ventes. D'un autre côté, les prix ont considérablement augmenté depuis 1905, surtout en 1910 et 1912.

Par suite de la demande d'animaux pour l'élevage, très peu de peaux ont été vendues depuis 1910.

Les éleveurs de l'île du Prince-Edouard sont les seuls qui aient fourni les prix des peaux qu'ils ont mises en vente. T. L. Burrowman de Wyoming, Ontario, m'a donné aucune preuve documentaire de ses ventes. Le plus haut prix qu'il ait obtenu pour une peau de renard argenté était de $1,050; il avoue que l'animal venait des environs du Labrador et qu'il appartenait à la sous-espèce *V bangsi.* M. Johann Beetz, de la côte nord du golfe St-Laurent, a vendu ses reproducteurs beaucoup moins cher que les éleveurs de l'île du Prince-Edouard. Messieurs Holt, Renfrew & Co. de Québec gardent leurs meilleurs sujets et vendent les autres à des courtiers ou à des marchands. Ils n'ont pas expérimenté l'entreprise en tant que industrie d'élevage, et ils n'y ont pas placé autant de capitaux que l'on pouvait s'attendre de fourreurs intelligents et entreprenants comme eux, s'ils avaient pensé qu'ils auraient élevé le renard argenté avec profit. Les autres essais en Alaska, au Yukon et ailleurs sont trop récents pour avoir produit des résultats.

APPENDICES

I. Valeurs des Animaux Sauvages*

PAR

C. D RICHARDSON, WEST BROOKFIELD, MASS.

CES jolis vallons boisés devraient être encore aujourd'hui le séjour des faunes, comme au temps de leur découverte par l'homme blanc. Depuis trop longtemps ils sont devenus, eux et leurs hôtes, la proie du chasseur sans merci et du vandale qui les dépouille impitoyablement de leur véritable charme. On reconnaît de plus en plus que l'on supporte mieux la tension de la vie moderne, quand on se retire souvent dans la solitude qui parfois attire tous les hommes, mais quelques-uns plus particulièrement que d'autres.

Dans toutes les parties de notre vaste pays, il y a de grandes bandes de terres incultes, renfermant diverses essences, des marais, des collines, qui sont de peu de valeur pour leurs propriétaires. Jetons un regard vers l'avenir. Améliorons ces terrains, clôturons-les, reboisons-les et peuplons-les de gibier. Ils ne demanderont que peu de soins, et la plupart des cultivateurs en retireront plus que ne leur rend maintenant leurs champs cultivés. Le treillage métallique a résolu le problème de la clôture, et l'on peut enclore une grande superficie à peu de frais, comparativement.

La question de la nourriture ne présente pas plus de difficulté, car les grouses, les faisans, les cailles, etc., vivent pour ainsi dire entièrement d'insectes qui, laissés libres, détruiront toute végétation, de graines nuisibles, et de bourgeons d'arbres sans valeur; d'un autre côté, le gros gibier, surtout les membres de la famille du cerf, se nourrit presque entièrement de brindilles et de feuilles de plantes qui n'ont pas de valeur réelle, mais qui sont plutôt un danger pour le cultivateur. De fait, le pâturage qui convient le mieux à pareils animaux est un ancien pacage couvert de broussailles, et dans lequel les animaux domestiques mourraient de faim, mais qui fournit à ces animaux sauvages leur plus naturel aliment.

---

* Du rapport de l'American Breeders' Association, 1909.

Il ne faut pas perdre de vue les ennemis naturels de ces oiseaux—le renard, la belette, la mouffette, le chat, etc.—mais leur faire une guerre en règle. En Angleterre, on loue souvent £300 ($1,500) par saison, un marécage de 100 à 500 acres, uniquement pour la chasse à la grouse. Quand les ennemis ont été exterminés, les oiseaux se multiplient considérablement sur ces terrains.

On recherche de plus en plus le gibier vivant pour peupler les jardins zoologiques, et pour la table, et leur prix déjà élevé monte encore. Les revenus que rapporteraient les permis de chasse, les octrois prélevés sur les campeurs, qui vont passer une saison au milieu de la nature, dans toute sa grandeur, ne sont pas à dédaigner.

Les parcs nationaux, dont on ne saurait assez apprécier la valeur, sont trop éloignés pour que la plupart des citoyens puissent en jouir, mais ceux-ci pourraient avoir, plus près de leurs demeures ce qui leur procurerait beaucoup de plaisir et de profit. Un cultivateur entreprenant pourrait, à peu de frais, devenir propriétaire d'une bande de terre de 100 à 1,000 acres, dans presque toutes les parties du pays, et surtout dans les régions montueuses et montagneuses. Une clôture de 8 pieds de hauteur ne lui coûtera pas plus d'un dollar la perche, et pour peupler pareil enclos, il pourra acheter, au prix des animaux domestiques, les gibiers à plume et à poil qui se multiplient rapidement quand ils sont protégés.

Le peuple Anglais doit ses succès au fait d'avoir, en tant que nation, favorisé la vie sportive. Si l'Anglais, en général, jouit d'un physique et d'une santé robustes, c'est parce qu'il sait mettre tout de côté et passer de temps à autre une journée à la pêche ou à la chasse. Ses grands domaines ruraux et les conditions climatériques, lui offrent tous les avantages de la vie sportive au grand air. Bien que nous croyions que ces immenses domaines soient préjudiciables aux intérêts d'un peuple, cependant, étant donné nos immenses étendues de terres incultes, et nos idées démocratiques, nous n'aurons jamais rien à craindre de la création de réserves de chasse en ce pays. Elles ne seront pas seulement des centres destinés à peupler les bois des environs, mais elles serviront de leçons de choses en culture forestière, besoin vital de ce pays, et à rendre la vie du campagnard plus gaie et plus attrayante.

II. Expérience d'Elevage du Cerf de Virginie*

PAR

C. H. Roseberry, Stella, Mo.

JE ne connais aucune autre branche de l'industrie du bétail qui donne autant de profits que l'élevage du cerf, en proportion du temps, du travail et du capital nécessaires à cette fin.

Je ne parlerai que du cerf à queue blanche de Virginie (*Cariacus virgianus*) que j'ai élevé pendant 19 ans. L'élevage de l'élan ou du wapiti serait sans doute aussi avantageux—peut-être plus, si c'est pour la venaison, parce qu'il est de plus forte taille.

Ce qu'il importe le plus, c'est un terrain d'une superficie de 10, 20 ou 40 acres, couvert de broussailles, entouré d'une clôture en treillis métallique de 6½ à 7 pieds de hauteur, dans lequel il y aura de l'eau en abondance, soit naturelle, soit artificielle. On devrait préférer celui qui renferme des fourrés touffus, des herbes grossières, et des pins, des chênes, des chênes blancs, des noyers sauvages, des châtaigniers, etc. Les branchages, les feuilles et les fruits de ces arbres fourniront à ces animaux une abondance de nourriture naturelle, ainsi qu'un abri et une retraite.

Il importe d'y réserver un coin de trois ou quatre acres de terre arable, qui seront ensemencées en seigle ou en blé pour pâturage d'hiver.

Comme l'augmentation du nombre du troupeau finira par faire périr les arbustes, à moins que le terrain ne soit très étendu, il conviendrait de semer du trèfle blanc et de l'herbe de verger pour fourrage d'été.

A la latitude de l'ouest du Missouri, il n'est pas nécessaire de nourrir ces animaux entre le 1er avril et le 1er novembre. Pour le reste de l'année, une meule de pois à vaches ou de trèfle séché, à laquelle les cerfs auront accès, une légère ration de maïs et de son ou d'autres moutures, au temps des froids rigoureux, pourront suffire.

Ne pas leur donner du maïs égrené à discrétion, s'ils en mangent trop, ils peuvent en mourir.

Si l'on se propose d'élever le cerf pour la venaison, il n'est pas nécessaire de manier les faons, pendant qu'ils sont jeunes, pour les apprivoiser. Mais si on les destine à la reproduction, ils devront être

* Du rapport annuel de l'American Breeders' Association, 1911.

préparés et expédiés vivants à divers endroits, il faudra enlever les faons à la mère, dix jours après leur naissance, et leur faire boire du lait de vache à la main.

Ce mode d'élevage est, sans doute, beaucoup plus difficile et coûteux que de permettre aux jeunes de suivre leur mère; c'est pour cette raison que le prix payé pour les reproducteurs est plus élevé, en proportion, que celui que rapporte la venaison. Par exemple, un faon d'une année vendu pour sa chair, peut peser 60 livres, ce qui, à 25 cents la livre, vaudra $15; au contraire, le même faon, élevé à la main, peut valoir $30 si c'est un mâle, ou $45 lorsque c'est une femelle.

Ma méthode d'élevage à la main est la suivante: Je clôture, dans le terrain d'élevage, une superficie de 3 ou 4 acres, libre de broussailles ou d'arbustes, dans lesquels les faons pourraient se cacher; j'y enferme, au commencement de mai, les biches qui doivent mettre bas.

Je surveille attentivement cet enclos tous les deux ou trois jours, pendant le temps de la mise bas; et, quand j'y trouve un faon né depuis un jour ou deux, je lui attache autour du cou un ruban—rouge, si c'est un mâle, blanc, quand c'est une femelle—et je les laisse aux soins de la mère durant dix jours; je les loge ensuite dans une cage de 5 pieds par 10 pieds, entourée d'un treillage à volaille à mailles d'un pouce, doublée d'un tissu quelconque à l'intérieur, et le fond recouvert d'une litière de paille fraîche. Une cage de cette dimension suffit pour accommoder 12 faons; la doublure sert à empêcher les animaux de se blesser; ces jeunes sont très peureux, au début, et se ruent contre les côtés de la cage dans l'espoir de s'en évader.

Quand on les laisse plus de dix jours avec la mère, il est souvent impossible de les capturer, excepté à la course ou par ruse. Ce dernier mode consiste à se cacher, jusqu'à ce que le faon se soit couché derrière un arbre, une souche ou une touffe d'arbustes; alors on s'en approche furtivement et sous le vent, jusqu'à la distance d'un bond, et l'on saute sur lui, avant qu'il puisse pendre la fuite. Quand les autres méthodes ne donnent pas de résultat, on le capture à l'aide d'un filet de pêche.

On garde les faons dans la cage durant deux semaines; ils apprennent à boire du lait frais à la bouteille et s'apprivoisent. Ils sont alors mis en liberté dans un enclos de 20 pieds par 100 pieds, durant deux semaines de plus, à la suite desquelles on leur donne un espace encore plus grand. Cependant, il ne faut pas les remettre dans le parc, car ils retomberont à l'état sauvage.

Le mâle adulte de Virginie, s'il est élevé à la main, devient souvent vicieux, principalement pendant la saison du rut. Il faut s'en défier jusqu'à ce qu'il ait été rendu inoffensif soit en lui sciant les bois, un pouce au-dessus de la meule, ou en vissant une planche de bois dur d'un pouce d'épaisseur, de quatre pouces de largeur et 3 pieds de longueur en travers du sommet de ses bois. Les cerfs mâles sauvages ne perdent jamais assez leur crainte de l'homme pour oser l'attaquer.

Je ne conseille pas aux commençants qui ne disposent que de faibles ressources de se livrer trop en grand à cette industrie, dès le début. Il est préférable de commencer en petit, par exemple sur dix acres, avec un troupeau vigoureux, et de laisser l'industrie se développer à mesure que l'on acquiert des connaissances par expérience.

En convertissant en petits terrains d'élevage de cerfs des milliers d'acres impropres à la culture, et qui ne rapportent maintenant aucun revenu à leurs propriétaires, ceux-ci pourraient en retirer profits et plaisir.

III. Articles Détachés du Rapport Annuel de l'American Breeders' Association, 1908*

OBJETS DE L'ELEVAGE DES ANIMAUX SAUVAGES

On ne devrait pas nécessairement viser à la domestication en essayant d'élever des mammifères sauvages. Il importe de leur fournir un terrain clôturé, d'une grande étendue, et un habitat aussi naturel que le permettront les circonstances, et de remettre à plus tard la solution du problème de la domestication. Les objets qu'il faut chercher à atteindre dans les essais d'élevage des animaux sauvages sont: (1) la conservation des espèces; (2) le service de l'agriculture et du transport; (3) leur utilisation en cuir ou en fourrure; et (4) leur usage comme nourriture.

Perpétuation de l'Espèce.—L'extinction d'une espèce est un procédé de nature; et, au point de vue de l'économie, ce n'est pas nécessairement un malheur pour le monde. Mais quand la rapacité de l'homme s'acharne à une espèce utile, jusqu'à la mettre à la veille de son extermination, l'intervention d'organisations pour la conserver a sa raison d'être. Elle n'est pas imaginaire l'imminence de l'extinction du bison d'Amérique, de l'éléphant d'Afrique, de l'élan du Cap, du morse, de la loutre marine et d'autres espèces. Le monde a perdu récemment un grand nombre d'espèces d'oiseaux. Parmi les mammifères, le couagga et le blaaubok (*Hypotragus leucophaeus*), ce dernier étant une sous-espèce de l'antilope rouanne, ont disparu de la faune de l'Afrique méridionale. La prévoyance aurait pu les conserver; et la prévoyance secondée par l'intervention gouvernementale sera requise pour empêcher la perte pour le monde de plusieurs grands gibiers mammifères. La conservation des meilleurs est une raison suffisante pour réclamer une dépense d'argent dans les expériences d'élevage.

---

* Le comité de l'élevage des mammifères sauvages de l'American Breeders' Association est composé des membres suivants:—

Dr E. Lantz, Washington, D.C., Président.

M. M. Boyd, Bobcaygeon, Ont.	W. M. Irwin, Washington, D.C.
R. H. Harris, Clarksville, Tex.	C. J. Jones, Topeka, Kan.
Emory E. Hoge, Baltimore, Md.	C. D. Richardson, Worcester, Mass.

Objet: Faire des recherches et des rapports sur les méthodes et la technique de l'amélioration des mammifères sauvages; et tracer et recommander des méthodes et plans d'introduction, de reproduction et d'amélioration des animaux sauvages qui seront utiles pour fournir de la nourriture, des peaux, etc., ou pour rendre service à l'agriculture.

Agriculture et Transport.—Notre second objet en élevant des animaux sauvages semble avoir moins d'importance. L'utilité générale du cheval ne sera jamais surpassée, et les autres animaux employés à l'agriculture et au transport sont excellents en leurs places. Cependant deux animaux, le zèbre et l'éléphant, tous deux de la faune africaine, sont de bons sujets d'expérience d'élevage et de domestication pour ces usages. Le zèbre est le seul animal de son espèce qui ne souffre pas de la piqûre de la mouche tsé-tsé. On domestique facilement le zèbre ,mais il semble manquer d'endurance. Si l'on peut le croiser avec le cheval, afin de produire un robuste hybride, qui ne sera pas non plus harassé par la tsé-tsé, on aura résolu, en partie, le problème du transport en Afrique. La domestication du zèbre et son perfectionnement par un judicieux élevage, sont des projets qui méritent bien des dépenses d'argent. Les éléphants africains ont été domestiqués et dressés comme leurs parents d'Asie, et se sont montrés aussi dociles qu'eux aux bons traitements. Il n'est guère douteux qu'on ne puisse pas le rendre également utile.

Elevage pour la Fourrure.—Il importe surtout de faire des recherches sur la possibilité d'élevage des animaux à fourrures, d'une manière profitable, étant donné le manque de nos meilleures fourrures. Vu qu'un autre comité a fait rapport sur ce sujet, nous n'y toucherons pas.

Elevage pour l'Alimentation.—Au point de vue économique, nous trouvons que c'est là une question assez importante pour essayer l'élevage des animaux sauvages. Le gibier de toute sorte se fait de plus en plus rare, d'une année à l'autre, et les sportsmen le poursuivent jusque dans ses retraites les plus reculées. Même après sa découverte, les lois qui en interdisent la vente et l'exportation, empêchent souvent le chasseur d'emporter chez lui ou de vendre le gibier qui a été légalement abattu. Notre zèle de protection du gibier à poil et du gibier à plume en vue de l'extinction, nous a portés quelquefois à faire des lois irréfléchies qui, si elles ne sont pas modifiées, paralyseront le mouvement qui contribuera plus à la conservation du gibier que tout autre moyen que l'on pourrait tenter. Nous entendons la propagation du gibier entreprise non pas seulement par l'état tout seul, mais aussi par l'industrie individuelle.

ESPECES EXOTIQUES RECOMMANDEES POUR L'ELEVAGE EN DOMESTICITE

L'élevage d'espèces exotiques de la famille du cerf est un champ d'expérience plein de promesses. Le daim rouge et le daim fauve d'Europe ont été acclimatés avec succès en plusieurs parties du monde. Il a été démontré que le petit cerf aquatique de Chine et le muntjac, peuvent tous deux vivre dans les parcs à cerfs d'Europe, et nul doute qu'ils pourraient être élevés aussi en Amérique. Le cerf aquatique est renommé pour sa fécondité, une femelle met bas trois ou quatre petits à chaque portée. Les muntjacs ont généralement deux. On dit que la chair de ces deux cerfs est excellente. Ces deux petits cerfs ont moins de 20 pouces de hauteur au garrot. Si on les domestique dans nos états du Sud, ils fourniront aux cultivateurs une sorte de viande très nécessaire qui serait servie fraîche chaque jour ou tous les deux jours. A part la volaille, la plupart de nos animaux domestiques sont trop grands pour être consommés immédiatement par la famille de la majorité des cultivateurs; et l'on demande particulièrement un animal de table, plus petit que l'agneau, pour la consommation sur la ferme. Quelques-unes des plus petites antilopes d'Afrique, par exemple, la grimme rouge, pourraient peut-être répondre à cette demande.

Il existe en Afrique environ une centaine d'espèces d'antilopes parmi lesquelles plusieurs sont vigoureuses et quelques-unes produisent une des meilleures venaisons. Plus d'une douzaine d'espèces seraient des sujets avantageux pour des expériences d'acclimatation et d'élevage en Amérique. Nul doute que la gazelle, par exemple, serait l'espèce particulièrement adaptée à la zône aride du Sud-Ouest, et pourrait servir à repeupler les parties du pays d'où l'antilope américaine a disparu.

L'élan du Cap est le plus grand de la famille des antilopes; il est menacé d'extermination dans l'Afrique méridionale. Le poids moyen de cet animal varie entre 800 et 1,100 livres; les vieux mâles atteignent quelquefois 1,400 à 1,500 livres. On a souvent recommandé l'essai de domestication de l'élan. Le prince d'Orange a importé cet animal en Hollande, pour la première fois, en 1783. Le comte de Derby l'a acclimaté en Angleterre, en 1842, et a réussi à l'élever dans ses parcs. A la mort du comte, son troupeau fut donné à la *London Zoological Society,* en 1851; ces animaux ont continué à se multiplier pendant plusieurs années. En 1879, le duc de Bedford possédait un magnifique troupeau d'élans composé de 14 têtes, en son parc de Woburn Abbey. Harris, le voyageur africain, fait ainsi l'éloge de la chair de l'élan: "Quant au grain et à la couleur, elle ressemble à celle du bœuf, mais son goût est de beaucoup plus exquis; elle possède un pur fumet de venaison, est entrelardée de la façon la plus appétissante, le gras s'y mêlant d'une quantité surprenante, surpassant en cela celle de tout autre quadrupède que je connaisse. La venaison fond dans la bouche, et quant à la poitrine, c'est un morceau digne d'un monarque."

Outre l'élan, le sambar, le nilgai et les autres cerfs étrangers donneraient probablement des résultats satisfaisants, s'ils étaient élevés en captivité. Toutes comprises, il y a peut-être 150 espèces d'*ongulés* exotiques utiles pour la consommation, que l'on pourrait acclimater et élever aux Etats-Unis. Les dépenses d'importation et d'entretien de dix sujets ou plus de chaque espèce, jusqu'à leur acclimation, seraient minimes, en comparaison des résultats importants qui seraient obtenus, même avec un très petit nombre d'espèces.

Toutefois, nous recommandons à ceux qui voudraient entreprendre l'élevage du cerf pour des fins commerciales, de donner la préférence à notre élan ou wapiti et le cerf de Virginie sur les espèces exotiques. Ils n'ont pas besoin d'acclimatation, et sont, indubitablement, adaptés pour la propagation en ce pays.

ELEVAGE DU WAPITI, OU ELAN AMERICAIN

Bien que notre wapiti indigène soit moins prolifique que le cerf de Virginie, et quelques espèces qui ont été élevées dans des parcs, ce désavantage est compensé par le fait qu'il est vigoureux et facile à conduire. Il a été acclimaté avec succès en Angleterre et sur le continent, où il a été croisé avec le wapiti d'Altaï et le daim rouge d'Europe. Ces deux croisements avec les espèces américaines ont amélioré le troupeau en taille et en vigueur.

Le wapiti a été élevé avec succès en plusieurs parties des Etats-Unis; c'est un des meilleurs sujets d'expérience d'élevage pour profits. Bien que les vieux mâles soient sujets à devenir dangereusement vicieux pendant la saison du rut, ce qui rend leur présence peu désirable dans des parcs ouverts, ils sont ordinairement dociles, et ont souvent été dressés à porter le harnais, et leurs services utilisés en public. Traités intelligemment et avec soin, et peut-être écornés scientifiquement, les élans seront, après quelques générations, convertis en une race d'animaux réellement domestiques.

Le juge John D. Caton, de l'Illinois, qui, toute sa vie, a beaucoup contribué à notre connaissance de la famille des cerfs, et de leurs dispositions à la domestication, doit probablement ses insuccès d'élevage de cerfs à la mauvaise qualité de ses parcs. Il croyait qu'ils renfermaient quelque sorte de nourriture végétale, qui était nuisible à la plupart des espèces; mais son troupeau d'élans a toujours été sain. Il écrivait en 1880:

“Mes élans continuent à progresser; ils sont si prolifiques, qu'il m'a fallu souvent en réduire le nombre, et je serais bien aise d'en vendre au moins trente maintenant. Je perds en moyenne un vieux mâle par année, qui se tue en se battant, et quelquefois un autre par accident, mais tous semblent pleins de santé. Ces animaux atteignent une grande taille, et de tous les cervidés ce sont ceux qui paraissent le mieux adaptés à la domestication."

Votre comité a reçu récemment des rapports d'un certain nombre d'éleveurs d'élans, tous ces hommes semblent confirmer l'opinion émise par le juge Caton quant au succès d'élevage des élans en captivité.

Joshua Hill, de Pontiac, Michigan, est propriétaire d'un parc de 300 acres dans lequel il élève des élans et des buffles. Quoiqu'il n'élève pas d'animaux pour des fins commerciales, il est d'opinion que l'élan, vu la supériorité de sa vigueur peut être manié plus facilement que le cerf. Il a entendu dire qu'une livre de viande d'élan s'est vendue 50 cents et plus, et il pense que l'élevage de ces animaux pour le marché pourra donner de bons résultats, s'il est convenablement conduit.

Isaac Bonine, de Niles, Michigan, élève depuis trente ans l'élan et le cerf de Virginie. Il préfère l'élan, car il demande moins de soins que le cerf. L'élan hiverne bien avec du foin et du maïs auxquels on ajoute une petite quantité de grain; et l'été il se nourrit de pâturin. Bien que les cerfs s'accommodent assez bien de la même nourriture, ils préfèrent un mélange de légumes; et, dans cette latitude, il leur faut un abri quelconque, tandis que les élans peuvent s'en passer. Tout en reconnaissant que l'on peut avantageusement élever les élans pour la venaison, le juge Bonine croit qu'il est plus profitable de les élever pour les mettre dans des parcs. Il a quelques élans pour la vente.

G. W. Russ, d'Eureka Springs, possède un troupeau de 34 élans. Il les a parqués dans les Ozarks, sur un vaste terrain accidenté, couvert de bois dur et d'arbustes. Il dit que les animaux améliorent la forêt en nettoyant une partie des fourrés. Au moins 90 pour cent produisent des petits pleins de santé, et M. Russ pense qu'il pourrait faire de l'élevage de l'élan pour le marché une industrie profitable, si la loi l'autorisait à tuer et à exporter l'élan domestiqué. Il lui a été offert 40 cents par livre de viande préparée, sur le marché de St-Louis. Il croit que de grandes étendues, maintenant inoccupées dans les Alleghanys et les Ozargs, pourraient être économiquement utilisées à la production de la venaison pour le marché, et il trouve que l'élan est éminemment fait pour le pâturage de forêt. On devrait aussi leur donner deux fois plus d'espace qu'aux bêtes à cornes à égalité de nombre.

J. W. Wilson, de Lewisburg, Ohio, a commencé, il y a quelques années, l'élevage du cerf et de l'élan, avec trois têtes de chaque espèce. Il a obtenu plus de succès avec l'élan qu'avec le cerf. Le cerf demande une clôture plus élevée et des soins plus attentifs. L'élan se contente de foin, de fourrage de maïs, et d'une nourriture grossière; s'il sort de l'enclos, on peut le ramener comme une bête à cornes domestique. Il paya au début $165 pour deux élans adultes et un faon. Il a vendu pour $300 de ces animaux, et il lui reste maintenant un troupeau de 12, évalué à mille dollars.

Votre comité a les noms et les adresses d'environ une douzaine d'autres éleveurs prospères de l'élan américain, mais le temps dont nous pouvions disposer ne nous a pas permis d'obtenir des renseignements sur leurs essais.

ELEVAGE DU CERF DE VIRGINIE

On n'est pas si unanime à reconnaître la vigueur du cerf de Virginie et les profits de son élevage qu'on l'est à l'égard du wapiti; mais on admet généralement qu'en lui donnant un terrain approprié, une abondance de bonne eau, et les soins requis en hiver, il sera possible de retirer autant de profits de l'élevage de ces animaux pour le peuplement des parcs et la venaison que de toute autre industrie d'animaux vivants, et que l'on pourra, à cette fin, utiliser des terres impropres à la culture agricole.

M. R. H. Harris, membre de ce comité, qui réside à Clarksville, Texas, a, gracieusement, sur demande, exprimé ses vues sur l'élevage du cerf en tant qu'industrie. Il dit:

"Je me suis livré à cette industrie pendant quelques années, et j'y ai acquis l'expérience voulue pour en parler avec clarté et conviction. Je trouve que le cerf de Virginie peut s'acclimater dans presque toutes les parties des Etats-Unis. La mise bas a lieu en mai et juin de chaque année; une portée est généralement de deux petits; les jeunes grandissent rapidement. Le cerf de Virginie est le plus beau, le plus gracieux et le plus sain de tous les animaux connus. Nulle autre viande n'égale sa venaison pour la nourriture des malades: elle est facilement digérée et convient aux estomacs les plus délicats. On le demande de tous côtés pour sa venaison et sa peau. Sa chair, hautement prisée, est demandée partout, principalement dans les restaurants et les cafés.

"Ils s'apprivoisent sans difficulté; les faons les plus sauvages, enlevés du troupeau, deviennent, dans l'espace de quelques heures, aussi dociles qu'un petit chien. J'en ai élevé de grandes quantités pendant des années. Ils courent volontiers dans les bois et les champs, ne sont jamais pris à la main, mais on leur sert de quoi manger de temps à autre, et ils sont aussi doux qu'un troupeau de bêtes à cornes domestiques. Leur élevage est facile et économique; ils meurent rarement de causes naturelles. Je puis dire, après des années d'expérience, que l'élevage des cerfs, au point de vue des profits, se place à la suite de la production des animaux domestiques.

"La nourriture d'un cerf revient, en moyenne, à une demi-cent par jour. On les nourrit de toutes sortes de végétaux: bourgeons, feuilles d'arbres, blé vert, trèfle, pois, orge, avoine, etc.; la graine de coton constitue aussi pour eux un aliment économique et nourrissant. Ils mangent aussi du maïs, du son, des fruits, et même tout ce dont l'homme ou les autres bêtes s'alimentent; ils vivent de vingt à vingt-cinq ans. On les renferme facilement au moyen d'une clôture en treillage de 6½ pieds de hauteur.

"J'invite fortement cette Association à faire appel à notre gouvernement pour protéger et encourager l'industrie de l'élevage du cerf, car je crois que c'est l'une des industries les plus profitables et les plus pratiques que notre population puisse poursuivre. Il importe d'agir activement et sur l'heure, car ce noble animal est sans protection et il disparaît avec rapidité. Son extinction éliminerait de ce continent ce qui serait appelé à créer une industrie égale en valeur à celle de l'élevage des bêtes à cornes, des porcs et des moutons. J'insiste donc auprès de cette Association pour qu'elle réclame la création de lois en vertu desquelles il soit permis de vendre la venaison domestiquée pendant toutes les saisons de l'année".........

En terminant, votre comité prie instamment cette Association de formuler une résolution qui exposera que nous souhaitons que les législateurs des Etats-Unis modifient leurs lois de manière à permettre la vente, en vertu de règlements nécessaires, de venaison ou de cerfs vivants élevés dans des réserves et y entretenus avec des fonds privés.

RAPPORT DU COMITE DE L'AMERICAN BREEDERS' ASSOCIATION SUR L'ELEVAGE DES ANIMAUX A FOURRURES*

CE QUI A ETE FAIT

On n'a pas perdu de vue la possibilité d'élever plusieurs espèces d'animaux pour leurs fourrures; de spasmodiques efforts ont été tentés en ce sens dans différentes parties du monde. Presque chaque espèce d'animaux à fourrures a été soumise à l'essai. Ce sont les renards et

---

* Rapport annuel, 1908. Les objets de ce comité sont: Des recherches et des rapports sur les possibilités, les méthodes et la technique de l'élevage des animaux à fourrures; et l'encouragement des essais de production et d'élevage des animaux à fourrures.

les mouffettes qui viennent en premier lieu; mais le vison, la martre, la loutre, le castor et l'ondatra ont occupé aussi une place importante. L'industrie a été des plus alléchantes, et quiconque voudrait prendre un crayon et du papier pourrait, en quelques minutes, représenter une grande fortune en fourrure au prix courant et au taux normal connu de l'augmentation d'une espèce de mammifères donnée. Depuis des années et à maintes reprises, on a dépensé des milliers de dollars pour démontrer que l'on avait oublié dans le calcul des facteurs importants. Une compagnie bien organisée, en Pennsylvanie, dépensa $25,000 en trois ans, et cela pour arriver à prouver que les mouffettes mangent leurs petits, quand elles sont gardées en étroite captivité. Cependant l'élevage de la mouffette a partiellement réussi en certains cas, mais, "Pourquoi élever des mouffettes valant un dollar pièce, plutôt que la martre qui se vend trente dollars?" se demandait M. E. T. Seton, membre de ce comité.

C'est dans les habitats des animaux à fourrures que l'on a obtenu avec ces espèces le plus de succès; car, en ces endroits, grâce aux conditions favorables, les animaux pouvaient être protégés, et ils se seraient multipliés jusqu'à ce que le prix de leur fourrure eût donné des profits. Cette méthode a produit d'heureux résultats, surtout dans l'élevage des renards bleus, des castors, et des ondatras. Elle mérite d'être encouragée autant que possible; mais, en général, on ne s'est guère occupé d'arriver à la domestication, et l'on n'a rien gagné en tenant sous contrôle continu les animaux à fourrures de prix. En réalité, il ne semble pas que l'on ait fait aucun essai systématique pour les élever à l'état domestique. La plupart des expériences ont eu pour objet l'élevage des animaux sauvages pour leurs fourrures; et elles ont cessé alors même que ceux-ci étaient encore sauvages. On visait à une récolte immédiate de fourrure, et tel a été habituellement le but des expériences............

ESPECES QUI PROMETTENT

Nonobstant les nombreux insuccès, il n'y a pas lieu de douter de la possibilité d'élever avec succès, en captivité, presque toutes les espèces des mammifères à fourrures. Pour la plupart des cas, il faudra beaucoup de temps avant d'avoir obtenu la domestication complète et l'adaptation désirable; mais l'objet en vue justifie amplement les dépenses de temps et d'argent requis. Il n'est pas nécessaire ni désirable de commencer sur une grande échelle, car les exigences d'une espèce doivent être étudiées et examinées lentement.

Son Altesse Royale le Duc de Connaught et la Princesse Patricia, au Parc Saint-Patrice

La première considération importante concernant le choix des espèces consiste à prendre celle dont la fourrure aura une valeur permanente. Les prix fantaisistes payés pour la loutre marine, les renards noirs et les argentés, dont certaines peaux de choix ont été vendues $1,000 et même $2,000, sont basés sur la rareté de ces animaux, et ne se maintiendront pas lorsqu'on sera en possession d'une grande quantité de ces peaux. Cependant, elles resteront toujours au nombre des plus prisées. Quant aux loutres marines et aux phoques, vu leurs habitudes pélagiques, nous ne nous y arrêterons pas maintenant.

La fourrure de chaque espèce varie grandement en couleur, en qualité et en valeur, selon les diverses parties des habitats des sujets.

Il faut autant que possible, choisir les meilleurs types naturels pour commencer; mais on pourra sans doute le faire plus tard, si l'on établit un élevage domestique.

Les espèces de l'Amérique du Nord qui promettent les meilleurs résultats sous le rapport de la fourrure sont: (1) les renards noirs et les argentés; (2) le renard bleu ou arctique; (3) la loutre; (4) la martre, ou zibeline américaine; (5) le castor; (6) le vison; (7) le pékan. Les espèces à fourrures moins précieuses, telles que la mouffette le raton laveur, l'opossum peuvent, moyennant certaines conditions spéciales, donner de bons profits, mais il n'est pas nécessaire de les prendre maintenant en considération. Plusieurs mammifères exotiques méritent considération; mais, en général, ils ne l'emportent pas sur les espèces de notre pays, et ils ont contre eux les désavantages de n'être pas acclimatés.

RENARDS NOIRS ET RENARDS ARGENTES

Les renards noirs et les argentés sont des mélans purs ou partiels du renard rouge. Tous deux doivent leur valeur, en partie, à leur rareté; mais il se passera encore plusieurs années avant que la production artificielle fasse baisser sensiblement les prix. Leurs habitudes et leurs besoins sont les mêmes que ceux du renard rouge dont ils sont en certains cas les rejetons. Cependant, si les noirs ou les argentés sont accouplés, ils produiront des petits de leur ressemblance. Le renard croisé n'est qu'une nuance foncée du rouge, mais sa fourrure a beaucoup plus de valeur. En choisissant les noirs pour la reproduction, et en continuant la sélection, on pourra sans doute obtenir une variété d'une valeur supérieure.

Lorsque les renards sont pris jeunes et élevés en captivité, ils s'apprivoisent et se propagent, s'ils sont convenablement accouplés. Les renards rouges, ainsi que le renard arctique ou bleu, sont absolument monogames.............

RENARDS BLEUS OU ARCTIQUES

On a affermé ou pris en possession plusieurs îles dans l'Alaska pour y élever des renards. Les renards bleus habitaient déjà quelques-unes de ces îles et d'autres ont été peuplées de ces animaux. La plupart des sujets qui y ont été introduits viennent de l'île St-George; ce sont ceux dont la fourrure est le plus renommée.

Selon le récit de Harriman dans son expédition en Alaska, Vol. II, p. 357, 1901, et un compte rendu plus récent par T. E. Hofer, paru dans la brochure Forest and Stream, 26 juillet 1906, ces animaux progressent et fournissent beaucoup de fourrure. Sur quelques îles, ils pourvoient eux-mêmes à leur nourriture et leurs gardiens se contentent de les surveiller et de les prendre aux pièges. Cependant, il faut les nourrir sur la plupart des îles pendant une partie de l'année; mais leurs habitudes primitives n'ont été que peu ou point modifiées. Ils semblent s'apprivoiser naturellement, et, avec les soins voulus, on pourrait les domestiquer entièrement. Ils se reproduisent à l'âge d'un an et s'accouplent pour la génération; la femelle met bas ordinairement quatre à huit par portée. Les peaux de saison sont vendues de $20 à $25.

LOUTRE

Peu d'animaux progressent mieux que les loutres en étroite captivité. Lorsqu'on leur donne un petit enclos et une mare d'eau, elles paraissent contentes et heureuses. Elles s'apprivoisent facilement, sont enjouées et intelligentes. On raconte qu'elles se laissent domestiquer au point de suivre leur maître, d'obéir à sa voix, de pêcher du poisson et de le lui apporter en dehors de l'eau. On ne les prends que difficilement au piège; elles résistent facilement aux empiètement de la civilisation. Il est probable qu'elles sont aussi nombreuses aujourd'hui près du district de Columbia, que dans la plupart de leurs habitats, qui s'étendent de la Floride à l'Alaska. On peut sans difficulté les enfermer au moyen d'une simple clôture en treillis métallique s'avançant dans une partie d'un cours d'eau. Elles ne grimpent ni ne creusent. Leur nourriture favorite se compose de poissons et de crustacés; on devrait établir les enclos dans les endroits où l'on trouve en abondance ces habitants aquatiques.

Les peaux de loutres de saison, de l'est du Canada, où l'on trouve la meilleure qualité de fourrure, sont évaluées dans le *Fur Trade Review*, de janvier 1908, de $15 à $20 la pièce.

CASTOR

En dépit de trois cents ans d'une constante chasse aux pièges, quelques castors survivent encore, dispersés çà et là sur une grande partie des Etats-Unis et du Canada, probablement en nombre suffisant pour repeupler la plupart des rivières. Ils sont protégés en plusieurs endroits, et se multiplient de nouveau en abondance.

S'ils ne sont pas pourchassés pendant quelques années, ils perdent leur crainte de l'homme, travaillent de jour à leurs barrages et habitations, et s'apprivoisent en partie. Il ne semble pas qu'il faille domestiquer davantage de tels animaux. Si on leur donne un étang ou un cours d'eau qui leur conviennent, ils y trouvent de quoi manger en abandonce et pourvoient à leurs propres besoins. On peut les enclore aussi facilement qu'un troupeau de moutons, et leurs ennemis, sauf l'homme, peuvent être tenus à l'écart. Des milliers de marais boisés et de cours d'eau, impropres à toute autre fin restent inoccupés: il y aurait avantage à les convertir en enclos d'élevage de castors.

Le *Fur Trade Review*, dans son numéro de janvier 1908, évaluait de $5 à $8 une peau de castor de saison, provenant des Etats-Unis ou du Nord du Canada.

En choisissant les reproducteurs dans une région où la fourrure est de choix, et en ne gardant que les meilleurs individus pour les fins de la reproduction, il sera sans doute possible d'améliorer constamment la qualité et la valeur du castor à fourrure.

MARTRE

La martre ou zibeline américaine est un animal forestier de la zone boréale. Elle est entrée dans les Etats-Unis par la frontière du nord, et s'est répandue au sud des parties montagneuses jusqu'à New-York, le Nouveau-Mexique et la Californie centrale. C'est un joli petit animal au poil doux et soyeux, de la grosseur d'un vison, mais d'aspect plus reluisant. Elle habite généralement les forêts de conifères, grimpe avec une agilité surprenante, mais elle fuit l'eau. Elle se nourrit ordinairement d'écureuils, de lapins, de souris, d'oiseaux et d'autres petits gibiers. A l'état sauvage, elle garde les mœurs de sa famille, mais en captivité elle est douce et tranquille.

Les peaux de martres les plus estimées viennent du Labrador et de l'est du Canada, elles sont différemment évaluées de $20 à $40 pièce.

VISON

Le vison est un des animaux à fourrures les plus répandus de l'Amérique du Nord, et l'un de ceux qui se maintiennent, malgré une chasse continuelle. On le retrouve aujourd'hui aussi nombreux dans les parties densement peuplées du pays que dans les retraites les plus reculées. A une distance d'une demi-heure de course en bicylette aux ruisseaux des faubourgs de Washington, on peut trouver des pistes de visons.

Les visons sauvages, pris jeunes, s'apprivoisent complètement et sont doux et affectueux. Ils se multiplient en captivité, sont vigoureux, se laissent enclore sans résistance, et semblent se complaire en cet état. Ils aiment l'eau, nagent et plongent à merveille, retirent une grande partie de leur nourriture des cours d'eau et des lacs, sous forme de poissons, grenouilles et crustacés. Ils grimpent également sur les arbres et se sentent chez eux dans la forêt.

On cite de nombreux cas 'd'enclos à visons' ou de 'visonneries' où ces animaux ont prospéré, mais les bas prix offerts pour cette fourrure ont fait souffrir l'industrie. Il y a quelques années, les peaux de visons se vendaient de $1 à $2; elles sont maintenant évaluées de $5 à $8. A mesure que les autres fourrures de choix diminuent, tout porte à croire qu'à l'avenir la fourrure du vison augmentera de valeur au lieu de diminuer.

Nulle autre espèce n'est plus facile à élever ni à manier. La valeur du vison varie grandement selon les différentes parties du pays: elle est moins élevée dans les parties méridionales, et plus estimée dans les états du Nord et dans l'Est du Canada.

REGLES POUR MANIER LES ANIMAUX A FOURRURES

Quelques règles générales s'appliquent également à toutes les espèces.

Tout d'abord, on ne devrait pas enlever les animaux du climat et de la zone qui sont naturels à leur habitudes. En général, plus le climat est froid meilleure est la fourrure, et plus lourds les animaux. Ceci ne veut pas dire qu'il faille élever tous les animaux à fourrures dans l'extrême nord. Les pays de montagne, lors même qu'ils s'étendent jusque dans les états du sud, offrent des avantages, peu communs, d'une close proximité de sections de climats chauds et froids.

Il importe de connaître à fond la nourriture indigène et les habitudes de reproduction d'une espèce et d'en faire la base des soins à lui donner en captivité. Cette question est de la plus haute importance dès le début, bien que plus tard les animaux puissent s'adapter aux conditions grandement modifiées.

Les animaux demandent beaucoup d'espace pour se tenir propres, se divertir et se conserver en santé. Il faut les garder loin de l'énervement et du bruit; les familiariser avec la vue d'un ou de plusieurs gardiens.

CONCLUSION

Le comité croit (1) que les expériences, pour avoir quelque valeur, devraient être continuées pendant un temps suffisamment long afin d'établir une lignée constante et améliorée d'animaux à fourrures; (2) que, grâce à une administration appropriée, ces expériences développeront une industrie d'une grande valeur pratique au peuple de l'Amérique du Nord; (3) que, pour en assurer le succès, ceux qui sont chargés de ces essais, devraient être parfaitement au courant des habitudes des animaux sauvages, et les gardiens, ou ceux qui s'occupent journellement des animaux doivent posséder des qualités naturelles qui les portent à les aimer et à comprendre leur caractère.

IV. Progrès du Renne en Alaska

Par

Lillian E. Zeh

La mise en troupeaux et l'élevage des rennes domestiqués, inaugurés à l'état d'expérience, il y a un certain nombre d'années, avec des animaux importés de la Sibérie par le gouvernement, sont maintenant devenus le trait le plus saillant de l'éducation industrielle des Esquimaux, et la principale industrie des nombreux villages indigènes de l'Alaska Arctique. Le progrès en civilisation, que l'on a accompli, en relevant les indigènes de l'état sauvage dans lequel ils vivaient, sans autre moyen d'existence que la chasse, ni autre animal domestique que le chien, à l'état de pâtres civilisés pouvant vivre du fruit de leur travail, grâce à l'industrie du renne, est une œuvre d'éducation remarquable. Le service des rennes en Alaska est maintenant parvenu à une période de progrès, vu qu'il marque le commencement du temps où l'on pourra utiliser tous les rennes qui appartiennent au gouvernement, au profit de la population indigène.

Actuellement, c'est à peine si le gouvernement peut disposer d'un surplus de rennes au nord de la rivière Kuskokwim. La chose a été rendue possible par l'établissement de nouveaux postes de rennes, l'emploi d'un plus grand nombre de pâtres chefs, l'engagement du plus grand nombre possible d'apprentis, et le paiement en rennes des pâtres et de leurs apprentis, sous forme de salaires ou de provisions. Le gouvernement a pour but principal et ligne de conduite fondamentale de remettre les rennes aux indigènes aussitôt qu'ils ont appris l'industrie et apprécient sa valeur. Le nombre total des rennes en Alaska, lors du dernier recensement, s'élevait à environ 23,000, dont les indigènes possèdent plus de 11,000. Un des plus heureux résultats est le revenu que cette poulation retire de la vente des produits des rennes, leur part, pendant l'exercice financier, s'est élevée à plus de $18,000. Ce chiffre ne comprend pas la valeur des peaux de rennes employées comme vêtements, ni la chair utilisée en nourriture. Ces profits matériels et le revenu si considérable qui découle de l'industrie du renne prouvent qu'elle est devenue un des plus importants facteurs dans la vie économique des Esquimaux.

Le nombre total des rennes d'Alaska est distribué entre les vingt-huit postes, dont dix-huit sont la propriété du gouvernement et dix celle des missions religieuses. Les Lapons en possèdent plus de trois mille. Les indigènes cherchent à devenir propriétaires de rennes, et les considèrent comme un bon placement de leurs épargnes; ils préfèrent prendre des rennes que de l'argent pour prix de leurs services, lorsqu'ils en ont le choix. Le gouvernement ne vend pas de rennes, seuls les indigènes et les missions font ce commerce. Il fournit, pendant un espace de cinq années, un troupeau de cent rennes aux diverses missions. A la fin du terme, le même nombre doit lui être remis: les missions gardent le nombre des faons; ceux-ci comptent plusieurs centaines, et sont les produits des parents prêtés par le gouvernement. La mission Moravienne de Bethel possède un des plus nombreux troupeaux: il compte environ trois mille têtes. D'autres missions, propriétaires de plus de mille rennes, sont toutes dans l'Alaska arctique, au nord du Yukon, à Colovin, Kotzebue, Shishmerof, et Cape Wales. A Point Barrow, latitude 71° 25′, l'endroit le plus septentrional du continent Américain, il y a un troupeau de 300. La population totale est d'environ 400, y compris hommes, femmes et enfants. Un indigène, « Takpuk » passe pour le plus riche de la région: il est propriétaire de 137 rennes. Les missions entretiennent et instruisent un certain nombre de jeunes pâtres apprentis.

Les pâtres indigènes prennent aussi des apprentis, et leur donnent six rennes par année pour prix de leurs services. Le Lapon emprunte des rennes du gouvernement, pendant cinq années, et lui donne ses services de pâtre instructeur durant ce temps. A l'expiration de cette période, il remet les 100 rennes empruntés et devient un pâtre indépendant, propriétaire d'un nombreux troupeau de rennes, produit du troupeau prêté par le gouvernement. Les pâtres Lapons ne s'intéressent pas à la propagation des rennes parmi les indigènes. Quelques-uns des plus importants propriétaires sont des Lapons; une demi-douzaine de ces hommes ont formé des troupeaux de cinq à huit cents têtes.

Le gouvernement en introduisant le renne, comme un moyen de promouvoir la vie industrielle et les besoins matériels des Esquimaux, a jugé nécessaire de soumettre les jeunes indigènes à un cours d'apprentissage. Ceux qui reçoivent directement leurs rennes du gouvernement sont tenus de servir comme apprentis pendant cinq ans. Ces apprentis sont maintenant au nombre de plusieurs centaines. Ils s'engagent par contrat écrit. S'ils ne remplissent pas les conditions imposées, ils s'exposent à perdre leur allocation de rennes et à se faire renvoyer du service. Le soin des rennes, leur dressage et leur élevage est une éducation en elle-même: c'est ce que le gouvernement peut faire de mieux pour les jeunes indigènes. Lorsqu'ils ont reçu un bon cours d'instruction, ces jeunes gens font d'excellents pâtres. Ils apprennent sans dfficulté à lancer le lasso, à soigner, atteler et mener les rennes, et à surveiller les faons. Les pâtres de Sibérie ont été importés en premier lieu pour servir d'instructeurs; mais, depuis quelques années, les Lapons les plus intelligents et les plus habiles, qui ont appris à élever le renne, après des siècles d'expérience, sont engagés pour les remplacer. Les jeunes Esquimaux apprennent vite quelques parties de travail, et, sous certains rapports, ils sont supérieurs aux Lapons: ils manient mieux le lasso, plusieurs confectionnent habilement les attelages et les traîneaux. Le soin d'un troupeaux exige une surveillance constante, principalement au printemps, pendant la saison de la mise bas. A cette période les pâtres doivent surveiller les troupeaux nuit et jour, à tour de rôle, armés de fusils, pour les défendre contre les attaques du loup des régions arctiques et contre les chiens.

On a attaché solidement à une oreille de chaque renne du gouvernement un petit bouton en aluminium; tous les propriétaires particuliers, de même que les pâtres, ont une marque spéciale qui doit être enregistrée au bureau du surintendant local du poste des rennes et à Washington. Outre l'enseignement de ce qui concerne les rennes, on habitue les apprentis à tenir les comptes, à vendre les rennes et à d'autres choses relatives à l'industrie. Nul apprenti ne peut aspirer au grade de pâtre, s'il ne possède pas la connaissance des notions élémentaires de lecture, d'arithmétique et d'écriture. A l'expiration du terme de son apprentissage, le gouvernement distribue à chaque jeune Esquimau un certain nombre de rennes, et avec leurs produits des cinq années, chaque apprenti sera possesseur d'environ cinquante de ces animaux. Comme ce troupeau se doublera tous les trois ans, l'apprenti gradué possédera un troupeau qui lui assurera les moyens voulus pour suffire à sa propre existence et plus tard à celle de sa famille. Le gouvernement en fait ainsi un homme d'affaires et lui fournit gratuitement plus tard un terrain de pâturage. La femelle met bas un seul petit chaque printemps, pendant dix ans.

Parmi les produits utiles et profitables du renne sont les peaux dont on confectionne des vêtements, parmi lesquels les pantalons serrés, à la mode, et ce merveilleux manteau, le " parka ", universellement porté en hiver par les hommes et les femmes, et par beaucoup de blancs. Le parka descend jusqu'aux genoux; il est surmonté d'un capuchon qui garantit la tête et les épaules contre les froids les plus rigoureux. Les vêtements de rennes sont remarquables par leurs impénétrabilité à l'humidité et au froid. Un examen attentif du poil du renne donne une explication de sa valeur toute particulière. Ses poils ne sont pas de simples petits tubes creux presque d'une extrémité à l'autre; mais ils sont divisés ou cloisonnés par d'innombrables cellules, à l'instar de compartiments imperméables. Ceux-ci sont remplis d'air, et leurs murs sont si élastiques et d'une texture si résistante qu'ils ne sont pas brisés par les procédés de la préparation ni par le gonflement, quand ils sont chargés d'humidité. Les cellules se dilatent dans l'eau, et il arrive qu'une personne entièrement couverte de vêtements de laine de renne ne peut pas tomber au fond de l'eau, car l'air de ces centaines de mille cellules du poil fait bouée.

Comme l'industrie minière continue à se développer dans l'Alaska, les indigènes et les apprentis gradués peuvent gagner des gages élevés en transportant des provisions et en fournissant de la viande de renne aux mineurs, qui travaillent à l'intérieur du pays, en des lieux éloignés du service par chemin de fer ou par bateau. On s'est servi de rennes bien entraînés pour le service des dépêches postales de Point Barrow à Kotzebue, soit une distance de 650 milles. C'est la route postale la plus septentrionale des Etats-Unis, et probablement la plus périlleuse et la plus désolée qui soit au monde. Deux tournées annuelles sont effectuées, au prix de $750 chacune. Le trajet moyen par jour est d'environ 40 à 50 milles, l'allure des animaux étant le trot soutenu.

Un des plus récents et remarquables tours de force, qui montre la puissance de résistance étonnante du renne comme animal de trait, a été accompli par M. W. T. Lopp, surintendant du service des rennes du gouvernement. Lors de sa récente tournée d'inspection d'hiver, M. Lopp a parcouru une distance de 2,500 milles en traîneau attelé de rennes, à travers les plaines et les rivières gelées de la région inférieure de la mer de Behring, du centre du Yukon à la côte nord du Pacifique. Une partie de cette route passe, sur une longueur de plusieurs milles, à travers un pays si peu fréquenté, même par les indigènes, qu'il n'existait aucune trace de chemin. Le service des rennes dans l'Alaska est sous la direction du Bureau d'Education des Etats-Unis.

V. Législation Canadienne Concernant l'Elevage des Animaux à Fourrures

NOUVEAU-BRUNSWICK

Loi Concernant les Renards et les Autres Animaux à Fourrures Gardés en Captivité

ATTENDU que certaines personnes dans la province du Nouveau-Brunswick se livrent à l'industrie de l'élevage ou de la reproduction des renards et d'autres animaux à fourrures, gardés en captivité, et qu'il est désirable de protéger lesdits animaux contre tout dérangement causé par des étrangers ou personnes autres que le propriétaire ou le gardien desdits animaux;

Le Lieutenant-Gouverneur et l'Assemblée Législative décrètent ce qui suit:

1. Est coupable d'une offense et passible de la pénalité ci-après édictée quiconque, en tout temps, dorénavant en toute partie quelconque de la Province, sans le consentement du propriétaire ou du gardien d'un "ranch" ou d'un enclos dans lequel des renards ou d'autres animaux à fourrures sont gardés en captivité pour fins d'élevage, s'approche des terrains privés du propriétaire ou des propriétaires desdits animaux, ou s'y introduit à une distance de vingt-cinq verges de la clôture extérieure ou palissade, dans l'enceinte de laquelle sont situés les enclos ou les terriers desdits animaux, et sur laquelle clôture des avis interdisant l'entrée sur lesdits terrains sont affichés de manière à être bien visibles à ladite distance d'au moins vingt-cinq verges.

2. Toute personne, trouvée coupable d'une infraction de la section, de la présente loi est passible d'une amende de $50.00 au plus et de $5.00 au moins, et, à défaut de paiement de l'amende, d'un emprisonnement pour un terme d'au plus trois mois et d'au moins un mois.

3. Est coupable d'une offense et passible de la pénalité ci-après décrétée, quiconque, en tout temps, dorénavant, dans une partie quelconque de la province, sans le consentement du propriétaire ou du gardien de tout enclos dans lequel sont gardés des renards ou d'autres animaux à fourrures pour fins de reproduction, et sur la clôture extérieure duquel sont affichés des avis défendant l'entrée sur les enclos où sont gardés lesdits animaux, et parfaitement visibles à une distance d'au moins vingt-cinq verges, passe en dedans de cette clôture ou de cet enclos ou y grimpe, ou la brise, ou passe à travers pour entrer sur ledit enclos.

4. Toute personne trouvée coupable d'une infraction à la section 3 de la présente loi est passible d'une amende de $100.00 au plus, ou de $50.00 au moins, et à défaut de paiement de ladite amende d'un emprisonnement de six mois au plus et de deux mois au moins.

5. Toute personne peut tuer un chien errant ou aboyant dans les environs de tout enclos dans lequel sont gardés des renards ou d'autres animaux à fourrures pour fins d'élevage, et troublant et terrifiant lesdits animaux, ou tout chien qui aboie et épeure les animaux ainsi enfermés, ou tout chien qu'elle trouve errant ou entré sur sa propriété sur laquelle sont établis des enclos de renards ou d'autres animaux à fourrures dont il ou elle est gardien ou gardienne; toutefois, il ne sera tué nul chien ainsi errant, rôdant ou entré sur les terrains ci-mentionnés, s'il est muselé ou accompagne son maître ou la personne qui a charge ou soin d'un tel chien, à moins qu'il n'y ait raisonnablement lieu de craindre ou d'appréhender qu'un tel chien, s'il n'est pas abattu, puisse troubler ou terrifier lesdits animaux dans l'enceinte desdits enclos.

6. Les dispositions du chapitre 123 des statuts consolidés du Nouveau-Brunswick, 1903, concernant les convictions sommaires, s'appliquent en autant qu'applicables et non incompatibles, à toutes les poursuites et procédures intentées en vertu de la présente loi.

QUEBEC

Loi Concernant les Renards et Autres Animaux à Fourrure Gardés en Captivité

ATTENDU que certaines personnes dans la province de Québec se livrent à l'industrie de l'élevage ou de la reproduction des renards et autres animaux à fourrure tenus en captivité;

Attendu qu'il est désirable d'encourager cette industrie, tant à cause de la diminution de nos pelleteries les plus riches, qu'à cause de la grande source de profits que cette industrie a donnés dans quelques-unes des provinces sœurs;

Attendu qu'il est essentiel, pour réussir dans l'élevage de ces animaux en captivité, qu'ils soient protégés contre l'approche des étrangers ou d'autres personnes que leur propriétaire ou leur gardien;

En conséquence, Sa Majesté, de l'avis et du consentement du Conseil législatif et de l'Assemblée législative de Québec, décrète ce qui suit:

1. Est coupable d'une offense et passible de la pénalité ci-après édictée quiconque, dorénavant, dans toute partie de la province, sans le consentement du propriétaire ou du gardien d'un "ranch" ou d'un enclos où des renards ou d'autres animaux à fourrure sont gardés en captivité pour l'élevage, s'approche ou s'introduit sur les terrains privés du propriétaire ou des propriétaires desdits animaux, à moins de vingt-cinq verges de distance de la clôture ou de la palissade extérieure dans laquelle se trouvent situés les parcs et les tanières de ces animaux, et sur laquelle clôture ou palissade des avis interdisant l'entrée sur lesdits terrains sont affichés de manière à être bien visibles à ladite distance d'au moins vingt-cinq verges. Cependant, le fait, pour un voisin, propriétaire ou occupant, d'approcher à telle distance dans l'exécution de travaux reconnus ou imposés par la loi ou les règlements municipaux, ne constitue pas une offense.

2. Toute personne, trouvée coupable d'une infraction à la section 1 de la présente loi est passible d'une amende de cinquante piastres au plus, ou de cinq piastres au moins, et, à défaut de paiement de l'amende et des frais, d'un emprisonnement pour un terme de trois mois au plus, ou d'un mois au moins.

3. Est coupable d'une offense et passible de la pénalité ci-après décrétée, quiconque, en tout temps, dorénavant, dans une partie quelconque de la province, sans le consentement du propriétaire ou du gardien de tout enclos dans les limites duquel sont gardés, pour la reproduction, des renards ou des animaux à fourrure, et sur la clôture extérieure duquel sont affichés des avis, défendant de passer dans les enclos où sont gardés lesdits animaux, et parfaitement distincts à une distance d'au moins vingt-cinq verges, passe en dedans de la clôture de cet enclos ou l'escalade, la brise ou s'y fraye un passage, afin de pénétrer dans ledit enclos, ou avec toute autre intention.

4. Toute personne trouvée coupable d'une infraction à la section 3 de la présente loi, est passible d'une amende de cent piastres au plus, ou de cinquante piastres au moins, et à défaut de paiement de l'amende et des frais, d'un emprisonnement de six mois au plus, ou de deux mois au moins.

5. Tout gardien peut tuer un chien errant ou aboyant dans les environs de tout enclos dans lequel sont gardés, pour la reproduction, des renards ou autres animaux à fourrure, ou troublant autrement lesdits animaux, pourvu que le chien ainsi tué ne soit ni muselé ni accompagné de son maître ou d'une autre personne chargée d'en prendre soin.

6. Toute infraction à l'une des dispositions de la présente loi est punissable sommairement, sur poursuite intentée devant un juge de paix, ayant juridiction dans le district où l'offense a été commise.

7. Les dispositions de la partie XV du Code Criminel, concernant les convictions sommaires, s'appliquent à toutes les poursuites intentées, instruites et jugées en vertu de la présente loi, à moins d'incompatibilité.

8. La présente loi entrera en vigueur le jour de sa sanction.

VI. Etat Statistique de la Production des Fourrures

MOYENNE DE LA PRODUCTION ANNUELLE DE FOURRURES PAR CONTINENT *

AMÉRIQUE DU NORD

Par E. Brass.

Lynx et chat sauvage	90,000
Chat domestique	80,000
Loup des bois	8,000
Loup des prairies	40,000
Renard Rouge	200,000
Renard argenté	4,000
Renard croisé	15,000
Renard blanc	30,000
Renard bleu	6,000
Renard gris	50,000
Renard nain	4,000
Martre de la Baie d'Hudson	120,000
Pékan	10,000
Vison	60,000
Belette (Hermine)	400,000
Glouton	3,000
Blaireau	30,000
Mouffette	1,500,000
Civette	100,000
Loutre	30,000
Raton laveur	600,000
Ours blanc	400
Ours noir	20,000
Ours brun	3,000
Ours Gris	1,200
Marmotte	30,000
Castor	80,000
Ondatra	8,000,000
Opossum	1,000,000
Lièvre	200,000
Boeuf musqué	500
Production moyenne, environ	$24,000,000

La valeur moyenne des fourrures produites dans les autres pays est estimée comme suit:

Amérique du sud	Environ	$ 2,000,000
Australie	"	6,000,000
Europe	"	24,000,000
Afrique et Océanie	"	2,000,000
Asie	"	26,000,000

---

* Evaluation basée sur la production des trois années, 1907-1909.

MOYENNE APPROXIMATIVE DE LA PRODUCTION ANNUELLE DES FOURRURES DANS LE MONDE, AU COURS DES TROIS ANNEES, 1907-1909

Par E. Brass

La production mondiale annuelle a une valeur de 360,000,000 de marks ($95,680,000), et Leipzig reçoit chaque année une quantité de fourrures valant 160,000,000 de marks.

Les fourrures dont se servent personnellement les naturels et les chasseurs ne sont pas incluses.

Ours

Ours blanc:
Régions polaires, Asie et Europe, 600; Amérique, 400.

Ours gris:
Amérique, 1,200.

Ours brun:
Amérique, 2,000; Asie, 6,000.

Ours noir:
Amérique, 20,000; Asie, 1,000.

Ours brun commun:
Asie, 3,000; Europe, 2,000.

Castor

Amérique, 80,000; Asie, 1,000; Europe, quelques peaux.

Coipou

Amérique du Sud, 1,000,000.

Ondatra

Amérique, environ 8,000,000; Russie, 3,000.

Chinchilla

Pérou, 600.

Chinchillona

Pérou et Bolivie, 12,000.

Chinchilla Bâtard

Bolivie, 3,000; Chili, 25,000.

Blaireau

Europe, 100,000; Amérique, 30,000; Asie, Japon et Chine, 30,000.

Ecureuils

Sibérie, 15,000,000; Chine, 500,000.

Queues d'écureuils

Sibérie, 73 tonnes; Chine, 2 tonnes.

Renards

Renard rouge:

Amérique du Nord, 200,000; Sibérie, 60,000; Russie, 150,000; Mongolie, Chine et Japon, 50,000; Australie, 30,000; Asie occidentale et centrale, 50,000; Norvège, 25,000; Allemagne, 250,000; autres Contrées de l'Europe, 350,000.

Renard Karganer:

Sibérie et Asie Centrale, 150,000.

Renard croisé:

Amérique, 15,000; Sibérie, 3,000.

Renard gris:

Amérique du Nord, 50,000.

Renard nain:

Amérique du Nord, 4,000 Asie Centrale, 60,000.

Renard blanc:

Asie, 70,000; Amérique, 30,000; Europe, 5,000.

Renard bleu:

Amérique, 6,000; Sibérie, 4,000; Nord de l'Europe, 1,000.

Renard argenté:

Amérique, 4,000; Sibérie, 300.

Renard du Japon (raton mâle):

Japon, 80,000; Chine, 150,000; Corée, 30,000.

Renards de l'Amérique méridionale:

Renards des Pampas et de Patagonie, total, environ 15,000.

Hamster

Allemagne, 2,000,000; Autriche-Hongrie, 250,000.

Lièvres

Lièvres polaires:

Sibérie, environ 5,000,000; Amérique du Nord, 200,000.

Belette (Hermine)

Amérique, 400,000; Sibérie, 700,000; Europe, 10,000.

Fouine

Allemagne, 60,000; Russie et Sibérie, 150,000; autres pays d'Europe, 80,000.

PÉKAN

Amérique, 10,000.

LAPINS

France, 30,000,000; Belgique, 20,000,000; Allemagne, 500,000; Galicie et Russie, 1,000,000; Australie, 20,000,000.

CHATS

Allemagne, 120,000; Hollande, 200,000; Russie, 300,000; autres pays d'Europe, 150,000; Asie, Chine et Japon, 150,000; Amérique, 80,000.

KOLINSKY

Sibérie, 150,000; Manchurie, 50,000; Chine (belette), 500,000; Japon (vison), 200,000.

LYNX, CHATS SAUVAGES GRIS

Amérique, 90,000; Asie, 30,000; Europe, 10,000.

CHAT SAUVAGE

Amérique méridionale, 10,000; Asie, 40,000; Europe et Asie Occidentale, 10,000.

MARTRE

Martre Baum:
Europe, 180,000; Asie Septentrionale, 30,000.
Martre des rochers:
Europe, 350,000; Asie septentrionale, 30,000.

ZIBELINE ET MARTRE DE LA BAIE D'HUDSON

Amérique, 120,000; Sibérie, 70,000; Chine, 20,000; Japon, 5,000.

MARMOTTE

Asie, 4,550,000; Amérique, 30,000.

VISON

Amérique du Nord, 600,000; Russie et Sibérie, environ 40,000; Europe, un petit nombre.

LOUTRE (Terrestre)

Amérique, 30,000; Asie, 55,000; Asie méridionale, environ 1,000; Amérique méridionale, environ 5,000; Afrique, environ 500; Europe, 30,000.

OPOSSUM

Australie, environ 4,000,000; Amérique, environ 1,000,000.

Peaux de Moutons de Perse et de Moutons Noirs

Asie Centrale, Persans 1,500,000, Broadtails 100,000; Russie et Asie Centrale, Astrakans 1,000,000; de Crimée, 60,000; Schiras et peaux salées, 200,000.

Raton Laveur

Amérique du Nord, 600,000.

Phoques à Fourrures

Alaska, eaux du nord et eaux du sud, 68,000.

Loutre Marine

Pacifique Septentrional, 400.

Mouffette

Amérique du Nord, 1,500,000; Amérique méridionale, 5,000.

Chat Civette

Amérique du Nord, 100,000.

Glouton

Amérique du Nord, 3,000; Sibérie, 4,000; Europe, 1,000.

Loup

Amérique: loup des bois, 8,000; loup des prairies, 40,000; Asie: Sibérie, 10,000; Chine, 5,000; Asie Centrale et Russie, 6,000; Europe, 1,000.

FORRURES AMERICAINES ET CANADIENNES VENDUES PAR A. & W. NESBITT AUX ENCHERES PUBLIQUES DANS LES ANNEES 1905-1912

Espèce	1905	1906	1907	1908	1909	1910	1911	1912
Raton	37,424	26,833	8,471	49,990	60,028	58,323	48,531	60,869
Blaireau	3,720	2,393	1,165	1,264	2,652	3,934	5,229	5,954
Ondatra	739,630	810,817	371,779	551,081	548,228	679,975	774,126	658,217
Mouffette	124,357	162,015	130.213	190,298	239,145	239,573	352,313	326,845
Chat, civet.	14,507	10,968	4,370	4,786	4,978	6,685	22,647	16,147
Castor	919	10,780	13,577	3,232	6,402	6,122	2,097	2,438
Loutre	2,614	2,203	1,476	3,831	3,141	2,496	1,429	1,325
Lynx	1,382	6,604	6,835	2,307	475	462	470	270
Chat, sauv.	3,227	2,750	2,532	2,779	1,321	3,593	10,900	5,068
Loup	8,614	12,548	4,580	14,854	10,074	19,223	21,930	30,173
Ours	1,164	1,235	1,473	1,890	2,297	3,662	1,960	1,908
Pékan	238	726	1,030	768	264	167	300	57
Glouton	65	62	36	84	61	115	57	102
Hermine	1,377	7,922	22.362	19,774	29,504	33,276	71,967	41,492
Renard arg.	60	94	243	94	111	102	70	50
Renard croi.	285	489	1,512	756	255	362	102	223
Renard rge.	3,974	16,536	6,550	8,034	9,612	8,808	9,574	4,283
Marte	3,589	8,388	10,708	5,642	2,889	4,003	1,369	2,942
Vison	30,596	29,409	25,338	33,305	18,069	22,127	14,517	10,999
Oposs., am.	146,328	292,231	30,382	98,397	95,187	77,507	136,417	256,759
Renard gris.	9,966	14,527	3,597	3,724	3,151	7,082	6,613	7,258
Loutre mari	7	......	2	1	......	11	......	......
Boeuf musq	......	......	......	......	......	131		
Renard bleu	......	62	39	25	95	280	48	255

IMPORTATION DE FOURRURES A LONDRES, 1855

Par E. Brass

Espèce	Du Territoire de la Cie. de la Baie d'Hudson		Alaska, Oregon, Est et Sud du Canada, etc., etc.	
	Nombre	Valeur	Nombre	Valeur
Marte	136,513	£122,540	12,245	£11,540
Vison	55,740	38,540	171,083	12,305
Loutre marine	288	5,400	163	4,280
Castor	69,376	25,480	6,078	4,780
Ondatra	346,955	6,540	1,229,536	23,054
Loutre	11,094	8,545	4,427	4,800
Pékan	4,911	6,840	3,174	2,256
Renard argenté	480	6,840	218	4,580
" croisé	1,749	4,838	920	2,740
" rouge	8,227	3,945	36,399	16,240
" bleu	86	172	5,086	12,758
" gris	......	......	15,826	1,825
" nain	4,646	485	5,086	1,025
" blanc	4,646	1,248	354	120
Loup	15,392	4,975	......	....
Glouton	1,124	840	180	130
Lynx	5,633	3,460	518	230
Chat sauvage	374	120	6,989	2,005
Ours	8,961	22,480	3,206	8,425
Hermine	1,500	34	500	10
Mouffette	5,945	6,743	200	40
Raton	1,200	180	482,072	65,240
Blaireau	1,084	228	....	......
Lièvre	83,757	1,025	2,095	50
Opussom	......	......	12,745	1,875
Ecureuil	5,800	160	......	.....
Autres	28,000	5,000	34,000	8,000

IMPORTATION DE FOURRURES A LONDRES, 1875

Par E. Brass

Espèce	Du Territoire de la Cie. de la Baie d'Hudson		De l'Alaska, de l'Est et du Sud du Canada, Oregon et des Etats-Unis du Nord-Ouest, vendues par les détailleurs aux ventes de Londres	
	Nombre	Valeur £	Nombre	Valeur £
Marte	131,154	173,500	37,712	38,563
Vison	72,400	73,840	39,245	33,642
Loutre marine	223	5,480	3,653	102,580
Loutre marine (jeune)	....	....	520	3,280
Castor	270,903	293,850	65,941	48,647
Ondatra	416,833	32,542	2,126,465	145,362
Loutre (terestre)	13,580	38,762	8,725	24,460
Pékan	3,558	11,200	1,868	3,780
Renard argenté	789	14,800	751	3,120
" croisé	786	3,870	1,451	6,587
" rouge	8,945	6,325	75,365	28,956
" bleu	169	460	2,215	6,084
" gris	......	......	25,602	6,850
" nain	5,860	530	9,245	1,640
" blanc	6,026	2,100	2,072	850
Loup	3,056	208	4,481	2,180
Glouton	1,349	1,580	1,248	960
Lynx	13,242	11,480	2,504	1,800
Ours	6,880	23,500	6,706	22,540
Hermine ou belette	3,489	80	44,583	1,200
Mouffette	2,789	1,860	275,943	81,540
Raton	7,154	1,240	341,077	58,650
Cerf	15,005	300	....	......
Blaireau	8,386	3,000	12,522	4,540
Lièvre	60,520	5,680	429,474	10,402
Boeuf musqué	23	50	5	10
Bison	108	560	200	580
Panthère	......	......	165	183
Chat sauvage	......	......	2,197	2,650
Ecureuil	......	......	8,146	100
Opossum	......	......	143,653	2,253
Autres	53,000	18,000	86,000	22,000

IMPORTATIONS DE PHOQUES A FOURRURES ET DE LOUTRES MARINES AUX VENTES AUX ENCHERES DE LONDRES

Par E. Brass

Année	Phoques à fourrure	Loutre marine	Année	Phoques à fourrures	Loutre marine
1850	12,391	....	1882	189,694	5,680
1851	13,915	....	1883	171,205	5,038
1852	9,348	....	1884	157,329	7,903
1853	16,193	....	1885	180,059	4,908
1854	9,714	....	1886	217,704	4,804
1855	18,199	....	1887	226,370	4,413
1856	29,464	....	1888	219,670	3,511
1857	20,641	....	1889	214,577	2,713
1858	9,423	....	1890	182,653	2,392
1859	14,471	....	1891	125,731	2,366
1860	13,231	....	1892	109,123	1,306
1861	24,341	....	1893	147,047	1,590
1862	31,949	....	1894	112,253	1,434
1863	27,986	....	1895	102,759	1,221
1864	20,326	....	1896	70,579	1,059
1865	17,259	....	1897	5,567	1,212
1866	19,844	....	1898	61,776	956
1867	15,967	....	1899	16,836	739
1868	83,997	....	1900	22,800	584
1869	149,808	....	1901	64,201	422
1870	153,654	....	1902	20,692	406
1871	154,959	3,824	1903	70,137	468
1872	168,672	4,307	1904	35,636	234
1873	170,679	5,095	1905	65,811	335
1874	161,291	4,920	1906	68,757	505
1875	174,107	4,964	1907	49,104	561
1876	167,141	5,059	1908	74,277	339
1877	142,631	5,420	1909	49,744	269
1878	169,497	5,253	1910	44,608	307
1879	175,119	5,176			
1880	205,240	5,583			
1881	210,745	5,647			

VII. Statistiques des Prix des Fourrures

PRIX TYPIQUES DE QUELQUES PEAUX

Par E. Brass

Opossum australien, Adelaide, bleu, de saison, 1880, 16 cts.; 1900, 28 cts.; 1908, 73 cts.; 1909, 97 cts.; 1910, $1.95.

Wallaby, 1880, 6 cts. à 10 cts.; 1900, 25 cts. à 75 cts.; 1910, 50 cts. à $1.70.

Kangaroo, 1880, 4 cts. à 12 cts.; 1900, 37 cts. à 60 cts.; 1910, 75 cts. à $1.45.

Wombats, 1880, 12 cts.; 1900, 36 cts.; 1910, 73 cts.

Livrées indigènes, 1880, 4 cts.; 1900, 24 cts.; 1910, 49 cts.

Chinchilla Bâtard, 1880, 73 cts.; 1890, 36 cts.; 1900, $2.92; 1905, $4.38; 1910, $9.73.

Vison japonais, 1900, 12 cts.; 1905, 19 cts.; 1910, 60 cts.

Belette chinoise, 1900, 7 cts.; 1905, 16 cts.; 1910, 33 cts.

Martre japonaise, 1890, 35 cts.; 1900, $1.43; 1905, $2.38; 1910, $3.81.

Renard japonais, 1890, 83 cts.; 1900, $1.43; 1910, $4.05.

Mouffette, le meilleur lot, 1900, $2.07; 1908, $3.30; 1909, $4.40; 1910, $7.06; 1911, $5.10.

Mouton de Perse, vertes, 1890, $2.06; 1900, $3.09; 1905, $4.12; 1908, $4.64; 1909, $5.15; 1910, $6.70.

Martre des rochers, 1890, $1.43; 1895, $2.14; 1900, $2.86; 1905, $3.33; 1908, $5.23; 1909, $6.19; 1910, $6.66.

Marmotte, Orenburg, 1890, 10 cts.; 1900, 12 cts.; 1904, 19 cts.; 1905, 43 cts.; 1906, 33 cts.; 1907, 37 cts.; 1908, 33 cts.; 1909, 43 cts.; 1910, 90 cts.

Renard noir, meilleure peau, 1880, $632.70; 1890, $876.00; 1900, $2,822.66; 1905, $1,070.67; 1906, $1,557.33; 1907, $2,141.33; 1908, $2,238.67; 1909, $1,508.67; 1910, $2,628.00.

Loutre marine, 1880, $584.00; 1890, $778.67; 1900, $1,362.67; 1905, $997.77; 1909, $1,849.33; 1910, $1,703.33.

PRIX TYPIQUES DE QUELQUES PEAUX COMMUNES DE LA COMPAGNIE DE LA BAIE d'HUDSON AUX VENTES A l'ENCHERE DES FOURRURES A LONDRES

Par E. Brass

Année	Ondatra YF, I	Vison YF, II	Renard Rouge YF, I, foncé	Lynx, YF, I, grand
1882	.16	.73	3.11	4.87
1883	.15	.97	2.75	6.09
1884	.16	1.16	2.75	7.31
1885	.12	.59	2.07	4.51
1886	.16	.93	2.56	8.72
1887	.17	.89	2.60	4.70
1888	.19	.65	2.50	5.05
1889	.25	1.50	4.05	7.38
1890	.22	1.03	2.92	5.73
1891	.25	1.36	2.82	6.75
1892	.15	1.74	2.92	8.70
1893	.17	2.92	2.92	6.70
1894	.18	1.42	2.75	4.13
1895	.19	1.58	4.20	4.39
1896	.24	1.34	2.50	3.33
1897	.22	1.46	2.50	2.87
1898	.18	1.89	2.66	3.23
1899	.16	2.98	4.97	5.12
1900	.16	2.58	9.00	10.80
1901	.15	2.44	6.20	7.44
1902	.13	2.58	8.27	13.38
1903	.22	2.70	8.03	22.40
1904	.25	2.37	6.81	12.80
1905	.17	4.46	7.48	13.15
1906	.27	4.54	7.67	13.38
1907	.31	6.58	8.07	12.50
1908	.41	5.25	9.25	15.60
1909	.47	5.61	14.96	32.00
1910	.87	6.34	16.55	39.85

VENTES DE FOURRURES DE LA COMPAGNIE DE LA BAIE D'HUDSON

(Données Fournies au Haut Commissaire Canadien pour la Commission de la Conservation)

Date		Ours (noir)	Ours (brun)	Ours (blanc)	Chat sauvage	Hermine	Pékan	Renard (bleu)	Renard (croisé)	Renard (rouge)	Renard (argenté)	Renard (blanc)	Lynx
1850	No.	....	6,261	....	89	467	7,920	17	3,033	7,759	877	1,867	43,738
1851	No.	....	6,262	....	340	747	6,305	8	1,981	5,581	528	899	20,353
1852	No.	....	7,205	....	243	796	5,967	11	2,524	5,675	913	843	8,519
1853	No.	....	7,484	....	222	2,002	5,861	46	2,307	6,869	847	3,966	5,361
1854	No.	....	6,331	....	135	1,295	4,933	34	1,172	3,175	390	4,070	4,552
1855	No.	....	9,266	....	381	1,289	4,901	29	1,790	8,326	493	1,877	5,682
1856	No.	....	9,346	....	330	1,940	5,210	102	1,948	7,384	615	10,311	11,358
1857	No.	....	8,182	....	214	1,925	5,563	15	3,236	10,526	1,072	4,999	23,362
	Prix	....	37/3	....	....	....	32/	....	79/6	15/3	16/16/10	7/	12/8
1858	No.	....	8,130	....	208	1,034	5,957	20	3,472	9,707	1,060	2,103	31,642
	Prix	....	23/11	....	....	....	26/1	....	55/6	8/11	10/11/5	4/10	8/1
1859	No.	....	8,922	....	189	809	6,950	15	3,982	11,488	1,164	1,577	33,757
	Prix	....	25/8	....	....	....	34/1	....	66/8	12/1	14/6/11	6/4	9/6
Moyenne pour la décade (dollars)		....	7.00	....	....	....	7.30	....	16.40	2.95	67.75	1.46	2.45
1860	No.	....	8,144	....	143	1,200	7,197	3	4,030	11,031	1,177	3,395	23,226
	Prix	....	23/9	....	....	....	32/11	....	60/	12/4	12/13/5	6/10	10/
1861	No.	....	7,474	....	134	1,267	5,853	42	3,407	8,897	1,066	5,069	15,178
	Prix	....	28/2	....	....	....	32/10	....	59/10	11/8	14/11	5/10	8/1
1862	No.	....	8,214	....	115	912	5,980	23	2,248	7,782	632	2,805	7,272
	Prix	....	30/9	....	....	....	26/8	....	41/	9/9	10/14/11	5/8	8/6
1863	No.	....	7,571	....	164	1,178	6,053	29	1,946	6,402	588	3,365	4,448
	Prix	....	35/7	....	....	....	26/3	....	39/	11/	10/14/3	6/	12/3
1864	No.	....	7,878	....	75	899	5,424	82	1,963	5,719	612	12,242	4,926
	Prix	....	31/5	....	....	....	28/2	....	34/1	12/2	10/16/3	5/11	14/6

VENTES DE FOURRURES DE LA COMPAGNIE DE LA BAIE D'HUDSON (suite)

Date		Ours (noir)	Ours (brun)	Ours (blanc)	Chat sauvage	Hermine	Pékan	Renard (bleu)	Renard (croisé)	Renard (rouge)	Renard (argenté)	Renard (blanc)	Lynx
1865	No.	....	7,337	....	63	2,094	4,953	33	1,800	8,760	459	4,821	5,437
	Prix	....	32/3	....	....	....	30/4	....	30/9	10/11	8/17/-	6/7	12/7
1866	No.	....	8,931	....	117	1,514	4,605	36	1,912	7,660	579	5,919	16,498
	Prix	....	27/3	....	....	....	30/10	....	33/5	9/11	6/19/2	11/6	11/7
1867	No.	....	7,603	....	83	3,526	4,864	42	2,712	20,824	888	5,404	35,971
	Prix	....	23/3	....	....	....	36/2	....	35/5	7/-	7/16/-	7/11	8/2
1868	No.	....	6,920	....	94	3,869	6,311	13	5,060	26,822	1,253	2,541	76,556
	Prix	....	27/1	....	....	....	33/5	....	22/3	6/-	6/11/6	11/9	6/10
1869	No.	....	8,661	....	89	1,979	7,477	124	5,174	20,267	1,490	12,088	68,392
	Prix	....	26/9	....	....	....	32/11	....	22/4	7/9	5/10/10	8/1	6/1
Moyenne pour la décade	(dollars)	....	6.87	....	....	....	7.46	....	9.07	2.36	45.70	1.83	2.37
1870	No.	....	8,420	....	68	2,223	7,959	48	3,436	13,058	914	4,629	37,447
	Prix	....	27/6	....	....	....	35/5	24/-	19/7	7/9	5/15/4	6/10	5/6
1871	No.	....	8,589	....	82	3,106	6,743	15	2,592	6,546	696	1,805	15,686
	Prix	....	29/4	....	1/6	*32/8	35/6	27/-	19/3	8/4	4/12/-	6/6	6/6
1872	No.	....	8,569	....	46	2,958	7,072	36	2,090	7,736	559	2,806	7,942
	Prix	....	42/1	....	2/3	*32/9	49/3	49/3	27/9	9/6	9/9/3	10/6	11/10
1873	No.	....	8,172	....	24	4,012	3,639	90	2,315	8,339	694	7,325	5,123
	Prix	....	41/-	....	2/3	....	48/1	45/3	24/10	10/-	9/11/9	8/-	19/10
1874	No.	....	7,431	....	28	4,477	3,539	60	1,645	7,428	416	5,315	7,106
	Prix	....	41/9	....	2/3	*20/2	53/9	47/1	28/8	9/2	11/5/3	7/1	14/4
1875	No.	....	7,120	....	189	4,732	3,558	69	2,212	8,973	795	6,058	11,250
	Prix	....	41/3	....	1/9	*13/-	51/2	57/9	46/6	9/3	14/6/7	8/3	14/2
1876	No.	....	7,804	....	83	6,360	3,263	58	2,455	9,838	687	4,323	18,774
	Prix	....	38/2	....	2/09	*12/-	55/8	56/2	44/2	9/11	13/3/-	6/11	13/-

Date		Ours (noir)	Ours (brun)	Ours (blanc)	Chat sauvage	Hermine	Pékan	Renard (bleu)	Renard (croisé)	Renard (rouge)	Renard (argenté)	Renard (blanc)	Lynx
1877	No.	....	7,543	....	40	5,338	3,338	48	3,550	11,233	971	5,299	30,508
	Prix	....	25/5	....	....	....	37/	48/4	27/6	6/11	7/18/3	5/9	8/3
1878	No.	....	7,415	....	10	5,838	5,461	239	4,201	16,791	1,063	24,402	42,834
	Prix	....	24/3	....	....	....	30/1	44/8	22/6	6/4	8/4/6	4/6	7/5
1879	No.	....	7,796	....	10	4,956	6,132	60	3,493	13,038	914	5,958	27,345
	Prix	....	27/11	....	....	*13/4	38/10	30/	21/3	7/10	10/19/3	9/10	8/7
Moyenne pour la décade (dollars)		....	8.13	....	.51	4.96	10.43	10.31	6.77	2.04	47.25	1.78	2.63
1880	No.	....	5,951	....	2	2,324	4,216	24	3,289	12,401	830	2,311	17,834
	Prix	....	32/–	....	3/6	*11/5	35/2	26/4	36/5	9/4	11/14/10	11/7	10/1
1881	No.	....	8,531	....	24	3,695	5,059	50	3,224	9,126	912	4,362	15,386
	Prix	....	36/2	....	3/9	*6/8	36/4	31/6	37/11	9/–	11/4/6	11/6	12/7
1882	No.	....	8,021	....	6	4,561	5,143	55	2,244	6,035	668	5,722	9,443
	Prix	....	39/–	....	4/–	*2/–	34/5	31/3	40/6	9/3	11/19/4	7/2	14/8
1883	No.	....	11,188	....	19	5,112	4,640	37	1,762	5,869	506	5,886	7,599
	Prix	....	45/1	....	3/6	*2/1	33/–	32/–	38/–	9/3	13/2/9	6/7	16/9
1884	No.	....	5,515	....	10	3,912	3,820	76	1,489	4,696	336	6,461	8,061
	Prix	....	64/9	....	2/–	*2/5	33/3	45/6	39/7	9/–	14/18/10	7/7	19/2
1885	No.	....	10,765	....	24	7,042	4,200	18	2,192	10,090	622	2,801	27,187
	Prix	....	63/–	....	2/3	*4/11	21/5	28/8	27/9	5/11	8/17/8	10/6	11/8
1886	No.	....	8,386	....	10	4,780	4,041	18	3,237	11,526	874	3,280	51,511
	Prix	62/5	56/4	45/6	2/–	*4/4	23/11	23/–	34/9	7/–	14/6/5	11/7	18/9
1887	No.	....	8,279	....	....	4,166	4,510	35	3,221	11,830	836	4,152	74,050
	Prix	79/8	104/10	40/9	....	*1/10	22/10	85/4	33/4	7/9	13/–/–	19/4	9/9

* Les prix cités pour l'hermine sont tant par caisse de 40 peaux.

VENTES DE FOURRURES DE LA COMPAGNIE DE LA BAIE D'HUDSON (suite)

Date		Ours (noir)	Ours (brun)	Ours (blanc)	Chat sauvage	Hermine	Pékan	Renard (bleu)	Renard (croisé)	Renard (rouge)	Renard (argenté)	Renard (blanc)	Lynx
1888	No.	....	10,080	....	33	3,933	6,165	73	3,877	17,238	954	13,170	78,773
	Prix	58/9	94/1	36/8	2/-	*8/6	20/8	118/6	26/4	7/3	9/1/10	10/7	9/4
1889	No.	....	9,606	....	18	3,592	5,408	77	2,935	14,503	639	9,551	33,899
	Prix	87/3	114/2	51/7	5/7	*19/10	36/	81/3	42/1	8/11	13/7/-	18/4	19/1
Moyenne pour la décade	(dollars)	13.63	15.50	10.82	.76	*1.54	7.13	12.08	9.04	1.98	58.40	2.73	3.40
1890	No.	....	11,719	....	....	5,697	6,557	25	2,908	12,058	649	2,893	18,886
	Prix	59/2	73/	49/1	....	*11/2	25/6	44/6	36/9	7/9	11/16/9	12/4	13/7
1891	No.	8,960	1,411	83	14	5,417	5,683	38	2,518	14,134	565	3,725	11,529
	Prix	77/7	98/10	71/4	3/1	*12/2	27/9	87/10	44/6	8/-	17/1/5	10/1	13/7
1892	No.	11,414	1,875	130	13	5,516	5,208	83	2,766	11,256	665	9,626	8,352
	Prix	71/3	92/8	61/11	5/6	*13/4	25/8	65/5	40/2	9/1	14/8/11	7/5	19/4
1893	No.	9,683	1,390	90	5	9,120	4,828	51	2,673	11,964	615	4,708	8,660
	Prix	80/4	120/	60/	3/-	*15/	32/9	50/3	40/6	8/9	19/5/-	8/6	16/7
1894	No.	7,727	1,107	134	7	9,096	4,044	34	3,025	16,031	617	3,231	12,902
	Prix	78/7	105/5	48/	/10	*30/4	32/1	54/8	37/-	8/1	18/2/4	8/8	11/6
1895	No.	8,620	1,190	81	29	7,250	3,631	69	3,208	13,087	682	4,948	20,331
	Prix	76/9	107/3	33/11	1/-	*19/6	32/1	49/4	38/9	8/3	16/-/3	19/6	12/1
1896	No.	8,467	1,090	128	15	9,302	4,169	67	5,044	20,311	981	6,681	36,853
	Prix	47/3	60/4	39/5	/4	*22/	31/10	34/7	26/-	6/3	10/8/-	10/2	7/9
1897	No.	9,318	1,030	77	50	8,340	4,805	44	6,963	24,676	1,398	3,498	56,407
	Prix	36/4	45/11	41/1	2/1	*35/1	36/3	32/3	22/9	6/	9/2/7	10/6	6/2

* Les prix cités pour l'hermine sont tant par caisse de 40 peaux.

Date		Ours (noir)	Ours (brun)	Ours (blanc)	Chat sauvage	Hermine	Pékan	Renard (bleu)	Renard (croisé)	Renard (rouge)	Renard (argenté)	Renard (blanc)	Lynx
1898	No.	9,166	972	141	32	7,704	5,247	46	6,507	25,691	1,250	3,228	39,437
	Prix	45/-	41/8	40/-	2/7	*36/	32/10	28/2	22/9	7/2	11/6/11	13/2	7/1
1899	No.	8,993	910	130	27	9,786	4,964	61	5,358	20,399	1,018	6,681	26,761
	Prix	46/10	36/-	48/6	1/6	*21/3	30/3	110/-	31/8	12/7	21/19/1	24/4	10/1
Moyenne pour la décade (dollars)		14.86	18.75	11.84	.53	* 5.18	7.37	13.37	8.18	1.87	71.80	3.00	2.83
1900	No.	9,137	897	118	67	14,075	5,042	19	3,742	11,533	608	3,623	15,185
	Prix	47/-	45/2	43/10	5/9	*33/10	29/6	89/5	49/6	24/3	50/16/1	37/4	27/7
1901	No.	7,829	778	58	41	11,664	3,454	24	1,534	5,446	325	2,929	4,473
	Prix	46/8	39/7	47/5	5/9	*43/6	22/10	39/8	34/5	13/7	17/11/3	21/1	17/3
1902	No.	7,087	788	170	5	16,374	3,716	68	1,460	6,992	283	8,515	5,781
	Prix	54/5	52/9	99/2	7/6	*48/-	24/4	50/10	35/-	23/3	29/1/11	21/9	29/6
1903	No.	6,445	726	96	4	33,883	3,235	90	1,974	6,235	493	10,751	9,117
	Prix	44/7	38/6	81/10	....	*81/8	30/7	40/9	38/6	23/3	33/15/7	23/7	45/8
1904	No.	6,085	640	55	5	15,902	2,590	43	2,212	6,216	422	5,579	19,267
	Prix	26/11	22/6	89/9	2/6	*134/3	23/2	36/5	27/1	19/3	17/9/0	18/3	24/4
1905	No.	4,614	463	54	....	12,670	2,095	17	2,396	7,215	491	4,690	36,116
	Prix	33/5	30/2	91/10	....	*182/1	29/-	55/-	25/8	17/8	30/2/14	17/7	27/-
1906	No.	5,041	495	149	2	21,704	3,020	44	5,011	12,204	942	6,394	58,850
	Prix	31/9	31/2	149/11	....	*152/4	28/4	80/11	22/7	19/3	34/6/	40/7	26/10
1907	No.	4,177	435	138	2	25,633	4,022	89	5,457	12,736	1,067	11,459	61,478
	Prix	33/7	30/10	95/6	....	*122/1	40/-	77/3	22/2	23/1	32/5/8	28/7	27/3
1908	No.	4,100	388	60	....	27,821	4,701	64	3,194	7,537	663	6,785	36,301
	Prix	26/7	28/1	75/1	....	*65/-	35/3	77/10	34/3	25/11	34/14/2	30/8	38/5

* Les prix cités pour l'hermine sont tant par caisse de 40 peaux.

VENTES DE FOURRURES DE LA COMPAGNIE DE LA BAIE D'HUDSON (Suite)

Date		Ours (noir)	Ours (brun)	Ours (blanc)	Chat sauvage	Hermine	Pékan	Renard (bleu)	Renard (croisé)	Renard (rouge)	Renard (argenté)	Renard (blanc)	Lynx
1909	No.	4,042	397	93	1	26,872	3,600	14	1,782	3,641	397	2,068	9,704
	Prix	44/8	41/2	95/9	....	*94/2	55/–	76/7	45/8	41/5	50/3/3	47/10	87/4
Moyenne pour la décade (dollars)		9.37	8.76	21.17	1.29	*23.00	7.63	15.00	8.03	5.56	158.55	6.89	8.42
1910	No.	4,579	453	71	....	34,281	2,525	28	1,380	3,396	281	4,803	3,410
	Prix	58/11	45/3	129/1	....	*109/2	68/4	82/11	58/2	48/3	85/2/11	60/9	123/1
1911	No.	4,964	384	82	2	49,963	2,310	113	2,067	4,558	382	14,692	3,774
	Prix	47/9	36/6	69/–	10/–	*90/8	81/11	92/5	92/10	42/2	61/12/11	39/10	102/4
Moyenne pour la décade (dollars)		12.80	9.81	23.80	2.42	23.98	18.04	21.04	18.12	10.85	352.30	12.07	27.05

* Les prix cités pour l'hermine sont tant par caisse de 40 peaux.

Date		Marte	Vison	Boeuf musqué	Ondatra ou Rat-musqué	Loutre (terrest.)	Loutre (marine)	Raton	Phoque (fourrure)	Phoque (poil)	Mouffette	Loup	Glouton
1850	No.	65,051	29,619	....	175,472	11,080	138	1,338	7	814	1,262	12,088	1,491
1851	No.	64,495	21,151	....	194,682	8,928	79	1,847	11	340	1,136	9,747	1,424
1852	No.	88,412	24,859	....	292,530	8,959	229	1,255	24	858	1,452	7,813	1,773
1853	No.	73,055	25,152	....	493,952	8,991	214	1,695	....	1,425	1,619	8,508	1,302
1854	No.	91,882	42,375	....	512,291	12,079	236	1,193	13	2,021	4,474	6,788	1,090
1855	No.	137,009	50,839	....	345,626	11,141	338	1,676	15	2,842	5,959	15,419	1,154
1856	No.	179,736	61,581	....	258,806	13,802	319	1,798	38	5,267	11,320	7,588	1,145
1857	No.	171,022	61,951	....	302,267	11,577	187	1,895	79	8,649	7,750	9,572	923
	Prix	17/5	8/6	....	1/–	19/6	17/6/9	2/1	....	2/7	9/5	11/11	16/4
1858	No.	138,535	76,231	....	313,502	12,511	343	2,295	39	13,112	8,213	7,728	1,087
	Prix	12/	4/	....	6d	15/7	8/11/8	2/2	....	2/3	5/7	5/3	8/9
1859	No.	139,124	63,264	....	254,246	13,165	174	1,273	116	12,767	8,529	12,659	1,129
	Prix	14/5	7/7	....	10½d	26/4	10/2/7	2/1½	....	2/6	6/2	6/10	10/3
Moyenne pour la décade	(dollars)	3.55	1.62	....	.19	5.00	58.48	.51	....	.60	1.70	1.92	2.82
1860	No.	102,235	44,730	....	177,291	11,279	175	2,434	196	11,147	9,983	8,670	1,416
	Prix	18/3	7/4	....	10d	24/3	10/16/10	1/2	....	2/8	2/4	5/4	10/1
1861	No.	74,738	31,094	....	206,020	13,199	129	3,397	186	18,104	3,758	6,051	1,410
	Prix	19/5	6/9	....	9¼d	20/5	16/11/9	1/3	....	2/–	2/3	4/9	10/2
1862	No.	80,484	49,452	....	335,385	14,158	84	3,640	176	13,726	3,315	4,087	1,529
	Prix	19/8	6/7	....	7d	19/8	12/17/9	1/9½	....	1/9	3/10	4/11	10/2
1863	No.	79,979	43,961	....	357,060	13,331	106	3,883	403	16,933	1,969	3,932	1,426
	Prix	20/1	9/2	....	7¾d	19/2	12/16/6	1/5	....	1/6	5/11	6/10	10/11
1864	No.	112,396	61,727	23	509,769	15,443	189	1,794	655	15,297	2,966	8,035	1,328
	Prix	17/8	8/7	32/6	7¼d	16/9	14/19/6	1/7	....	1/5	3/2	8/3	13/3

VENTES DES FOURRURES DE LA COMPAGNIE DE LA BAIE D'HUDSON (suite)

Date		Marte	Vison	Boeuf musqué	Ondatra	Loutre (terrest.)	Loutre (marine)	Raton	Phoque (fourru.)	Phoque (poil)	Mouf-fette	Loup	Glouton
1865	No.	124,830	60,334	8	418,370	13,600	167	3,335	977	14,500	1,617	5,717	1,230
	Prix	16/4	8/10	....	8d	14/3	11/5/10	1/1	....	2/1	2/11	8/3	12/9
1866	No.	142,970	51,404	9	320,824	18,380	103	4,710	2,086	15,122	2,780	12,616	909
	Prix	18/9	11/2	35/–	11¾d	18/11	6/15/9	1/4	....	1/9	3/2	8/9	13/7
1867	No.	126,616	58,451	....	412,164	15,271	182	11,678	2,314	21,458	2,779	6,340	768
	Prix	16/3	9/5	28/10	11½d	14/8	7/19/3	1/2	....	2/5	1/8	9/7	13/3
1868	No.	106,784	73,575	33	618,081	14,992	147	21,321	2,225	9,819	6,208	7,526	1,111
	Prix	18/1	12/2	48/11	9¾d	22/1	9/13/6	1/10	....	1/10	2/2	10/6	15/1
1869	No.	81,706	74,343	14	404,173	12,545	242	4,894	1,727	7,927	6,679	9,318	1,457
	Prix	19/–	10/–	63/–	9¼d	28/4	6/15/4	1/4	19/10	2/11	3/4	17/9	13/11
Moyenne pour la décade (dollars)		4.40	2.19	....	.19	4.98	53.11	.33	4.76	.49	.74	4.04	2.96
1870	No.	52,308	27,708	72	232,251	10,973	89	1,696	688	9,917	9,606	5,856	1,421
	Prix	24/8	8/8	30/10	7d	26/2	6/9/10	11d	13/5	2/8	4/2	9/7	12/–
1871	No.	55,453	31,985	4	443,999	13,105	107	3,341	7,944	15,740	3,286	5,399	1,848
	Prix	27/6	10/9	30/–	8d	29/3	8/10/–	1/6	13/5	3/1	4/2	7/11	12/–
1872	No.	60,455	39,266	44	704,789	13,787	66	4,011	13,620	5,433	2,621	2,802	1,656
	Prix	28/11	15/3	45/1	10d	38/6	18/–/–	2/1	16/4	3/7	8/1	13/–	12/3
1873	No.	66,841	44,740	7	767,896	11,263	99	3,636	2,073	9,862	1,759	6,413	2,095
	Prix	24/8	12/3	....	9¾d	44/6	11/15/–	1/5	45/9	3/7	3/7	12/9	14/7
1874	No.	66,750	60,429	54	671,982	9,010	96	3,152	2,354	3,259	1,322	3,724	1,765
	Prix	19/9	10/6	79/–	11¾d	34/4	7/18/–	2/1	40/7	4/11	4/4	9/9	17/8
1875	No.	131,170	72,273	11	523,802	13,088	134	7,241	2,131	14,099	2,077	3,074	1,351
	Prix	18/3	10/1	30/–	1/2	29/4	9/14/–	1/6	28/11	5/2	5/3	12/–	20/4
1876	No.	83,439	79,214	9	583,319	11,524	47	2,149	2,718	3,620	2,828	2,083	1,286
	Prix	14/6	5/11	40/–	1/1¼	26/4	8/16/–	2/11	32/2	2/4	4/8	14/–	27/8

Date		Marte	Vison	Boeuf musqué	Oudatra ou Rat-musqué	Loutre (terrest.)	Loutre (marine)	Raton	Phoque (four-rure)	Phoque (poil)	Mouf-fette	Loup	Clouton
1877	No.	81,174	79,060	127	437,121	9,926	127	1,042	1,588	7,564	3,928	1,865	1,136
	Prix	11/5	5/5	....	8d	18/5	5/2/7	1/9	23/2	3/7	2/7	13/9	22/9
1878	No.	74,703	84,244	118	486,030	11,753	47	514	1,779	7,636	6,933	2,975	1,794
	Prix	9/11	4/4	....	4¾d	17/1	9/16/2	1/11	37/4	3/7	4/	12/1	22/2
1879	No.	55,734	62,590	235	499,727	13,101	26	613	2,782	6,626	8,395	2,590	1,997
	Prix	12/4	4/3	24/9	5¼d	24/9	7/13/4	1/4	41/5	2/3	3/4	9/1	19/2
Moyenne pour la décade	(dollars)	4.61	2.10	9.59	.09	6.93	45.00	.42	7.02	.83	1.11	2.73	4.33
1880	No.	46,273	35,072	567	478,078	8,313	88	15	3,308	4,174	7,927	4,707	1,777
	Prix	11/2	5/1	16/1	6d	31/11	13/15/10	3/–	57/8	3/3	4/3	7/–	17/–
1881	No.	46,030	36,160	655	829,034	10,177	22	830	3,085	4,287	6,818	3,136	2,471
	Prix	10/11	4/2	25/6	5½d	34/9	13/16/8	2/7	43/4	2/2	4/3	10/9	14/3
1882	No.	52,631	45,600	564	1,029,296	10,191	77	538	5,005	5,442	5,407	1,459	1,614
	Prix	10/6	3/2	24/6	7d	30/10	15/2/–	2/8	23/8	2/9	4/11	15/7	13/11
1883	No.	62,711	47,508	368	1,069,183	11,992	7	841	652	3,888	7,178	2,121	1,883
	Prix	8/9	3/4	58/–	6d	26/10	12/17/–	2/8	40/–	2/11	5/1	12/5	15/6
1884	No.	71,116	52,290	235	1,083,067	9,248	26	354	560	2,713	6,474	1,580	1,583
	Prix	12/–	4/3	61/4	6d	31/7	10/16/6	3/5	29/10	2/10	4/10	11/10	22/–
1885	No.	78,981	110,824	316	817,003	12,260	35	139	13	1,590	12,647	1,848	1,528
	Prix	7/9	2/–	54/10	4d	17/6	12/9/–	2/11	10/–	2/6	3/5	10/4	24/6
1886	No.	79,027	76,503	395	347,050	10,875	10	124	2,077	6,965	21,249	1,344	1,203
	Prix	11/4	3/3	79/4	4½d	30/9	21/4/–	3/7	14/9	2/4	4/9	11/7	24/–
1887	No.	51,151	64,303	222	380,132	8,326	10	325	1,846	1,279	11,009	1,180	1,245
	Prix	9/6	2/9	79/3	4½d	31/10	25/12/–	2/11	36/6	2/–	3/10	18/7	30/6

VENTES DE FOURRURES DE LA COMPAGNIE DE LA BAIE D'HUDSON (suite)

Date		Marte	Vison	Boeuf musqué	Ondatra ou Rat-murqué	Loutre (terrestre)	Loutre (marine)	Raton	Phoque (fourrure)	Phoque (poil)	Mouffette	Loup	Glouton
1888	No.	73,259	83,023	514	344,878	11,613	11	250	179	2,590	16,390	4,793	2,452
	Prix	7/6	2/3	112/5	6d	32/8	17/13/4	3/8	15/9	1/9	3/6	7/3	20/3
1889	No.	64,558	43,748	505	223,614	8,771	11	217	737	672	11,344	3,404	2,031
	Prix	11/4	5/3	126/–	10½d	41/9	22/12/8	2/11	41/8	2/8	4/1	8/11	18/6
Moyenne pour la décade (dollars)		2.42	.85	15.39	.12	7.45	79.68	.80	7.52	.60	1.03	2.74	4.81
1890	No.	73,123	35,396	1,405	322,160	9,298	15	153	482	2,151	10,814	2,532	2,243
	Prix	8/–	3/9	64/10	8¾d	34/8	26/13/4	2/10	45/–	2/1	3/5	8/3	15/9
1891	No.	65,146	29,479	1,358	574,742	8,193	9	172	279	2,545	12,665	4,286	1,416
	Prix	7/7	4/10	54/6	9d	38/2	33/2/2	2/11	64/8	3/2	3/9	6/2	13/2
1892	No.	73,850	42,264	1,935	806,103	9,798	6	171	932	2,604	10,646	1,725	1,147
	Prix	8/7	5/8	53/7	5d	32/10	36/13/4	2/5	45/7	2/6	3/5	12/–	16/11
1893	No.	100,257	58,171	888	934,646	8,671	8	194	8,491	2,599	9,214	1,577	1,017
	Prix	12/9	8/7	75/3	5¼d	40/8	25/–/–	3/–	48/1	3/1	3/11	10/5	33/10
1894	No.	110,015	50,815	1,187	648,687	7,474	11	218	37,129	2,508	6,841	2,086	889
	Prix	8/9	4/6	41/4	5¼d	39/2	34/10/10	2/3	35/5	3/–	3/5	7/9	15/1
1895	No.	107,002	51,285	761	674,811	7,512	1	743	36,577	2,183	8,885	1,498	652
	Prix	15/7	5/2	46/10	4½d	40/–	13/–/–	1/11	45/–	2/8	3/4	7/9	18/7
1896	No.	103,329	70,229	494	813,159	8,919	....	575	783	1,817	13,664	2,655	579
	Prix	17/1	4/6	39/6	6¼d	43/2	....	2/1	45/4	2/2	2/2	6/4	16/4
1897	No.	95,911	76,365	326	551,716	9,346	3	1,642	39,133	4,765	18,842	3,980	822
	Prix	15/2	4/6	40/11	7d	37/6	3/15/–	2/–	30/6	1/7	1/7	4/6	13/5

Date		Marte	Vison	Boeuf musqué	Ondatra ou Rat-musqué	Loutre (terrest.)	Loutre (marine)	Raton	Phoque (fourrure)	Phoque (poil)	Mouffette	Loup	Glouton
1898	No.	85,284	70,407	340	568,934	9,690	2	6,466	21,177	2,698	16,755	7,655	1,064
	Prix	16/6	5/10	38/5	7d	37/3	3/15/–	1/9	47/3	1/10	1/11	4/8	10/3
1899	No.	67,738	41,839	453	701,487	10,016	1	2,916	8,821	2,791	9,874	3,575	904
	Prix	27/1	9/7	44/10	6½d	37/5	....	2/5	65/5	2/4	3/2	6/11	21/6
Moyenne pour la décade (dollars)		3.29	1.27	12.00	.13	9.14	86.57	.57	11.33	.60	.72	1.79	4.20
1900	No.	64,446	45,978	516	767,741	9,799	6	13,544	21,620	4,158	11,012	3,104	923
	Prix	32/11	8/1	69/–	6d	45/2	74/11/8	2/4	64/8	3/9	4/3	16/–	20/7
1901	No.	55,777	47,813	574	928,199	9,190	1	9,177	9,039	2,599	6,172	2,643	776
	Prix	28/4	7/–	97/7	5¼d	41/3	90/–/–	2/1	58/8	2/10	3/1	7/–	23/4
1902	No.	57,131	57,620	274	1,650,214	8,711	....	1,973	8,352	3,061	5,749	1,366	635
	Prix	31/2	10/–	103/10	4¼d	49/–	....	3/1	58/2	2/10	2/11	19/4	27/3
1903	No.	79,147	66,549	256	1,488,287	10,296	1	1,024	5,832	2,509	5,207	1,805	695
	Prix	30/6	11/3	64/7	7d	71/5	3/7/6	3/2	68/4	3/3	4/–	19/–	26/1
1904	No.	52,639	54,673	333	924,439	6,463	....	718	6,532	1,124	5,427	1,972	627
	Prix	22/9	9/8	63/–	8¼d	52/2	....	2/11	72/6	3/11	2/10	15/11	16/5
1905	No.	35,752	55,996	100	1,056,253	4,892	....	404	35	762	6,090	1,246	412
	Prix	34/2	17/–	86/9	7d	77/6	....	3/3	75/1	6/5	4/2	14/6	18/–
1906	No.	45,441	60,053	92	695,070	10,580	....	281	50	3,706	9,129	1,707	504
	Prix	49/1	16/3	72/6	9¾d	72/4	....	2/11	102/–	3/11	4/7	13/–	19/2
1907	No.	47,494	39,169	45	407,472	7,726	....	602	65	1,152	11,581	2,799	730
	Prix	49/6	23/10	118/8	1/–	74/6	....	3/8	94/–	3/7	2/11	11/3	24/1
1908	No.	34,874	21,534	113	172,418	6,137	....	243	....	1,522	5,235	4,510	894
	Prix	43/6	21/2	82/1	1/4¼	85/9	....	2/4	....	3/9	3/8	13/–	18/7

VENTES DE FOURRURES DE LA COMPAGNIE DE LA BAIE D'HUDSON (suite)

Date		Marte	Vison	Boeuf musqué	Ondatra	Loutre (terrest.)	Loutre (marine)	Raton	Phoque (fourru.)	Phoque (poil)	Mouf-fette	Loup	Glouton
1909	No.	23,640	17,857	107	302,195	6,361	....	141	....	1,766	1,591	3,858	763
	Prix	43/1	24/4	296/8	1/7	89/9	....	2/9	....	3/1	6/1	20/3	29/11
Moyenne pour la décade (dollars)		8.76	3.57	25.31	.19	15.81	268.80	.73	14.24	.89	.92	3.58	5.36
1910	No.	28,979	21,788	76	749,142	5,487	....	266	....	1,517	1,613	3,149	807
	Prix	41/3	29/6	188/10	2/7½	99/9	....	4/3	....	2/7	8/9	18/6	31/4
1911	No.	29,338	33,008	91	963,597	6,532	....	197	....	1,290	1,037	2,412	902
	Prix	39/6	22/6	166/8	1/3¼	71/-	....	6/5	....	3/7	6/3	18/1	20/9
Moyenne pour la décade (dollars)		9.60	6.24	42.66	.47	20.49	....	1.28	....	.74	1.80	4.39	6.25

INDEX

INDEX

BIBLIOTHEQUE NATIONALE DE FRANCE
3 7531 03987418 6

www.ingramcontent.com/pod-product-compliance
Lightning Source LLC
Chambersburg PA
CBHW030314220326
41519CB00068B/2451

* 9 7 8 2 0 1 9 6 1 9 7 0 1 *